尽善尽美　弗求弗迪

PSYCHOLOGY

50 ESSENTIAL IDEAS

无畏的心理学

24小时读懂50个心理学关键词

［英］埃米莉·拉尔斯（Emily Ralls）
汤姆·柯林斯（Tom Collins）/ 著

廖冉　刘晓倩 / 译

电子工业出版社
Publishing House of Electronics Industry
北京·BEIJING

Psychology: 50 Essential Ideas
Copyright © Arcturus Holdings Limited
Published by arrangement with Arcturus Holdings Limited.
本书中文简体版专有翻译出版权由Arcturus Holdings Limited授予电子工业出版社。未经许可，不得以任何手段和形式复制或抄袭本书内容。

版权贸易合同登记号 图字：01-2024-0870

图书在版编目（CIP）数据

无畏的心理学：24小时读懂50个心理学关键词 / （英）埃米莉·拉尔斯 (Emily Ralls)，（英）汤姆·柯林斯 (Tom Collins) 著；廖冉，刘晓倩译. -- 北京：电子工业出版社，2025.1
书名原文：Psychology：50 Essential Ideas
ISBN 978-7-121-47971-7

Ⅰ. ①无… Ⅱ. ①埃… ②汤… ③廖… ④刘… Ⅲ. ①心理学–通俗读物 Ⅳ. ① B84-49

中国国家版本馆 CIP 数据核字 (2024) 第 107231 号

责任编辑：张　毅
印　　刷：三河市兴达印务有限公司
装　　订：三河市兴达印务有限公司
出版发行：电子工业出版社
　　　　　北京市海淀区万寿路173信箱　邮编：100036
开　　本：880×1230　1/32　印张：8.75　字数：212千字
版　　次：2025年1月第1版
印　　次：2025年1月第1次印刷
定　　价：79.00元

凡所购买电子工业出版社图书有缺损问题，请向购买书店调换。若书店售缺，请与本社发行部联系，联系及邮购电话：(010) 88254888，88258888。

质量投诉请发邮件至zlts@phei.com.cn，盗版侵权举报请发邮件至dbqq@phei.com.cn。

本书咨询联系方式：(010) 68161512，meidipub@phei.com.cn。

译者序

在杨雯编辑给我推荐这本书时,我感到眼前一亮。因为近十年来大众对心理学的喜爱和追捧,心理类的图书国内已经出版了不少,其中也有很多精品,但我总觉得似乎少了点什么。有些书严谨渊博有余,但趣味性不足,可以是很好的教材,但动辄几十万字的篇幅,单手都拎不动的"厚重",让大众望而生畏。有些书的主题非常狭窄,只针对某一类心理现象展开深入的研究和探索,除了对这个领域有兴趣的学者或专业人士,其他人很难看懂。还有一些书起了很吸引眼球的书名,可打开一看,内容粗制滥造,全靠猎奇和忽悠。经常有学生和朋友问我,有适合大众看的、入门级的心理学科普书吗(最好不那么厚,内容比较有趣)?现在我终于有了明确的答案,就是这本《无畏的心理学》。

拿到这本《无畏的心理学》,我先通读了一遍。这本书虽然没有严格遵循普通心理学的纲要结构,但基本上涵盖了对心理学的研究对象、主要的心理学流派的介绍以及大众关心的一些话题,从各种心理学理论的研究起源、经典实验到在现实生活中的具体运用,都做了生动的阐述。不管你是从未接触过心理学的"小白",还是已经积累了一定心理学知识的心理学爱好者,都能在本书中找到自己感兴趣的内容。

这本书的一个特殊之处,也是最吸引我的地方就在于,它不仅仅会介绍心理学理论和研究成果,更重要的是会介绍那些提出了经典理论的人在生命中经历了什么,才会促使他们对特定的研究课题感兴趣。这些经典理论也能反映出,在心理学史上熠熠生辉的著名心理学家们曾经是在怎样的痛苦中挣扎的,又是如何创造性地发展出这些理论来解答他们自身乃至人类普遍的困惑的。

这种叙述方式就使得一个个高深莫测的经典理论有了"人味"。比如,科尔伯格的道德发展理论十分有名,但他为什么会对这个研究课题感兴趣,他的人生经历又是如何推动他的理论观点形成的呢?直到我读到本书第32章时,这些问题才得到解答。父母离婚时,年仅5岁的科尔伯格不得不在法庭上选择要跟父母中的哪一方一起生活,这种两难的选择被科尔伯格发展成他重要的研究工具——道德两难困境。18岁的科尔伯格在走私船上帮助犹太难民偷渡到巴勒斯坦,这在当时是违法行为,他甚至因此入狱。高尚的助人行为却被法律定义为犯罪,且会导致自身利益严重受损,这种矛盾一定曾在年轻的科尔伯格心中激起巨大的波澜,也让他在21岁重返美国之后,选择攻读心理学,并以道德发展作为自己终生的研究课题。

这本书的可读性很强,很可能你在拿到手之后就会不由自主地一口气读下去(毕竟书也不厚),但你也可以挑选自己感兴趣的内容去读,比如梦境分析、依恋、犯罪心理学等。因为每一章都有独立的主题,所以你可以随意从任何一章读起,基本不影响理解。不管怎样,这本书真正做到了开卷有益,希望我们直白简洁的翻译风格没有损害英文原著的精髓,也感谢出版社的引进决策和编辑等工作人员的辛苦劳动!

廖 冉
北京物资学院大学生心理健康教育与咨询中心主任
中国心理学会(CPS)临床与咨询心理学专业机构和专业人员注册
系统注册心理咨询师、注册督导师

前言

从某种程度上说，我们每个人都是心理学家。我们观察周围的人，并利用我们所观察到的情况来识别他人的意图。我们利用过去的证据来对我们未来的行为作出判断。从本质上讲，这就是心理学。它是对我们是谁、我们如何思考以及什么因素会影响我们行为的一种系统研究。它是对我们自身的研究，而我们一直在无意识地做着这件事。但就像生物学等其他研究我们自身的科学一样，科学家们也逐渐开发了一系列工具和技术来加深我们对心理学的理解。

心理学研究的不同思路差别很大。它们可以是主观的，也可以是客观的；可以是整体论的，也可以是还原论的；可以侧重于我们共有的特征，也可以侧重于个体差异。它们随着时间的推移而演变，并受到当时的潮流和政治的影响。

在这本书中，我们介绍了 50 个关键概念，以对心理学进行概述。书中涵盖了尽可能多的理论、研究方法和思路，以使你对这一广阔的研究领域有一个总体了解。

我们无法准确指出人们是从什么时候开始思考关于心灵的问题的。在 19 世纪中叶之前，心理学都被称为"精神哲学"，它在人类历史上以多种形式出现。柏拉图（Plato）和亚里士多德（Aristotle）等古典哲学家早在公元前 5 世纪就提出了关于心灵的理论，并认为心灵或灵魂是一个独立于身体的实体。这种观点在 17 世纪被称为"二元论"，当时法国哲学家勒内·笛卡儿（René Descartes）提出，心灵和身体只能通过大脑中的松果体进行交流。

二元论一直占据主流地位，直到英国哲学家托马斯·霍布斯（Thomas Hobbes）和约翰·洛克（John Locke）提出，我们的心理体验实际上是发生在大脑内的生理过程。这种观点被称为"一元论"。

然而，这些研究心灵的哲学观点并不是我们今天所认为的心理学，直到19世纪，心理学才开始被科学、客观地研究。现代心理学更倾向于机械论，即将心灵视为我们身体的副产品。

为了达到这个阶段，必须克服的一大障碍是如何研究心灵这个我们无法看到或直接观察到的东西，并将其与身体联系起来。19世纪的生理学家威廉·冯特（Wilhelm Wundt）的内省法弥合了这一鸿沟，所以本书将以此作为开端。

目 录

- 第1章　内省 1
- 第2章　构造主义 7
- 第3章　格式塔心理学 11
- 第4章　知觉 16
- 第5章　心理动力学 25
- 第6章　性心理发展阶段 28
- 第7章　人格三元论 33
- 第8章　梦境分析 36
- 第9章　人本主义心理学 41
- 第10章　行为主义 48
- 第11章　经典条件反射 51
- 第12章　操作性条件反射 58
- 第13章　社会心理学 63
- 第14章　从众 67
- 第15章　少数人影响 71
- 第16章　服从 75
- 第17章　社会角色 80
- 第18章　群体思维 84
- 第19章　旁观者效应 90
- 第20章　生物学取向 94
- 第21章　大脑的机能定位 97
- 第22章　脑部扫描技术 102
- 第23章　神经传递 107
- 第24章　神经可塑性 111

第25章	认知心理学	117
第26章	记忆模型	123
第27章	编码和短期记忆	127
第28章	发展心理学与学习	131
第29章	社会学习理论	135
第30章	认知发展与图式	139
第31章	最近发展区	143
第32章	道德发展	149
第33章	智力理论	156
第34章	人类智力	163
第35章	动物智力	170
第36章	依恋	178
第37章	语言发展	185
第38章	积极心理学	191
第39章	正念	196
第40章	应用心理学	200
第41章	压力	206
第42章	隔离	215
第43章	睡眠	222
第44章	人格	229
第45章	恐惧	235
第46章	攻击性	243
第47章	去个体化	249
第48章	犯罪心理学	253
第49章	作为科学的心理学	260
第50章	心理学中的争议	265

第1章

内省

内省是一个审视自己的思想、感觉、行动,甚至动机,来更深入地理解心灵运作方式的过程。内省是一种主观、个人的体验。实验心理学创始人威廉·冯特曾运用这一研究方法,试图将心灵研究从沃尔夫(Wolff)和康德(Kant)的主观自我观察中独立出来,并将心理学确立为一门可观察的科学。

威廉·冯特

尽管威廉·冯特(1832—1920)的大部分职业生涯都在研究医学,但他被公认是第一个自称为心理学家的人。1874年,他出版了开创性的著作《生理心理学原理》,到1908年第六版出版时,该书已从870页的一卷本发展到三卷本。

虽然冯特的书中很多内容都是关于生理学的,但他并没有完全从生理学的角度来研究心理学。他指出,人类的心灵在积累经验的同时,一定会对

威廉·冯特在1879年创立了第一个心理学实验室。

这些经验进行思索。这是第一部系统研究生理学和心理学之间关系的著作，冯特在自序的第一行写道："我在这里向公众展示的这部作品，旨在开辟一个新的科学领域。"而它确实做到了这一点。

实验心理学

冯特试图摆脱之前在心灵研究领域一直占主导地位的二元论，将心灵和身体统一起来。

虽然冯特认可他的哲学同行，尤其是沃尔夫和康德的工作，但他否定了他们的想法，即心灵和人类的内在体验是不可触及的、完全主观的，不能被科学地调查和研究。

在此之前，人们主要通过主观自我观察来研究心灵：从本质上讲，哲学家们通过自己对人类行为的观察来思考心灵问题。听起来，冯特似乎是在暗示这种推理的方法是有缺陷的，甚至是傲慢的。他概括道，这种推理的方法的支持者们认为自己可以"在没有进一步帮助的情况下，直接得出对心理事实的精确描述"。一个观察者如何观察自己并知道自己的观察是正确的呢？他想说明的是，通过客观地研究感觉，即我们与世界互动的方法，我们可以更深入地理解与感觉相关联的心灵。

冯特还认为，他的同行们反对更科学的实验心理学方法——认为它否定了内省的理念——是基于一种误解。实验心理学试图摆脱自我观察，通过客观的、严格控制的、可重复的观察，系统地研究心灵和内省过程。他在《生理心理学原理》中概述道，研究内省的实验的目的是用一种将意识置于"可准确调节的客观条件"下的方法，来取代"唯一助力是不准确的内在感知"的主观方法。

冯特认为，实验心理学与其他学科，特别是物理学和生理学，有许多共同的特征，甚至指出它们可以使用许多相同的仪器来测量时间等因素。他的方法试图以实验心理学这一新学科为基础，将心灵研究从哲学中分离出来。

第一个心理学实验室

1879年，冯特建立了第一个心理学实验室。它被称为实验心理学研究所，设在德国莱比锡大学内。在这里，他试图像研究其他自然科学那样研究心理学。他聘请了训练有素、经验丰富的观察员，并鼓励他的学生采用严格控制的程序，以便每次都能做相同的实验。这意味着观察结果可以被重复和比较，从此心理学开始与主观哲学有所区分。

莱比锡大学主楼，建于2008年。

冯特认为，我们可以利用外部刺激来改变意识，并称之为"来自外部的改变"。我们可以将我们的心理过程置于任意确定的条件下，我们可以完全控制这些条件，随意让其变化或保持不变。我们可以通过内省来系统地研究我们对单调音或闪光等刺激的反应。冯特的目标是以与其他自然科学相同的严谨性和科学性，运用系统化的技术来研究心理学。

例如，在该研究所里，研究人员会将受试者暴露在滴答作响的节拍器或闪烁的光下，并要求他们报告自己的感觉。研究人员会在一个单独的房间里观察，以确保他们不影响结果。早期的研究涉及简单的感觉和对空间和时间的知觉之间的关系。后来，研究人员开始研究更复杂的概念，如注意力、记忆和情感。

在该研究所完成的第一项研究是由马克斯·弗里德里希博士（Dr Max Friedrich）进行的，题目是"与简单和复合感觉有关的统觉时间"。这是众多测量某些心理过程发生所需时间的研究之一。这些过程包括反应、记忆唤起，通过一种叫作计时器的设备进行精确和经验性的测量，该设备可以测量精确到千分之一秒的反应时间。

冯特对精确性的痴迷和建立科学系统的心理学研究的努力是有局限性的。他承认，要对心灵进行全面的研究，还需要其他技术。他还认识到，心理学是一门不断发展的学科，并在他的第一本书中以谦虚的态度明确表达了这一点："第一次尝试，正如这本书所述的那样，肯定会显示出许多不完善之处；但它越不完善，就越能有效地推动改进。"尽管其有局限性，但冯特的工作为心理学成为独立学科做出了持久贡献，因此许多人将他誉为"心理学之父"。

认知偏差和技巧在水果机赌博中的作用（Griffiths, 1994）

内省法是最早用于研究心理学的方法之一，至今仍在使用。

一个例子来自格里菲斯（Griffiths）的一项研究，他认为非理性的思维过程与赌博行为有关。他通过对比经常赌博的人和偶尔赌博的人来研究这个问题。每个受试者都有3英镑可以用在水果机赌博上，其中一半受试者被要求在赌博的同时将自己的思考内容大声说出来。

和冯特的研究一样，格里菲斯的研究程序也是可重复的，因为他不仅确保每个受试者的赌博过程都是一样的，而且受试者得到的指令也是标准化的。每个需出声思考的受试者都被告知：

"出声思考是指你在赌博时，将你脑海中闪过的每个想法都说出来。记住以下几点是很重要的：1）想到什么就说什么，不要审查你的任何想法，即使它们看起来与你无关；2）尽可能不间断地说话，即使你的观点结构还不清晰；3）吐字清晰；4）如果有必要，请使用零散的句子，不必非使用完整的句子说话；5）不要试图为你的想法辩解。"

格里菲斯通过这种内省法发现，经常赌博的人确实会使用更多非理性的言语：14%的经常赌博的人会说"这机器喜欢我"；而只有2.5%的偶尔赌博的人会这样说，他们往往会使用更理性的言语，比如"我在那里输掉了整整1英镑"。

第2章

构造主义

> 威廉·冯特对人类意识进行研究的科学思想和方法被称为"构造主义"。构造主义试图将心灵理解为我们的思想和所体验到的感觉的产物。虽然冯特确立了构造主义的基本原则，但他的学生爱德华·布拉德福德·铁钦纳(Edward Bradford Titchener，1867—1927)才被认为是将构造主义确立为一个心理学流派的人。

爱德华·B.铁钦纳

作为冯特的学生之一，铁钦纳拓展了冯特的思想，创立了构造主义理论。1867年，铁钦纳出生于英国的奇切斯特，他少时获得奖学金进入莫尔文学院学习。虽然他的家人计划让他成为神职人员，但铁钦纳更希望去追求自己对科学的兴趣。1885年，他开始在牛津大学学习生物学，后来又学习比较心理学。在牛津大学期间，铁钦纳开始阅读威廉·冯特的著作，后来将冯特的《生理心理学原理》第一卷从德语翻译成了英语。

铁钦纳1890年毕业于牛津大学，由于无法在英国找到工作或继续深造，他便前往德国莱比锡大学跟随冯特学习。1892年，他在莱比锡大学获得了心理学博士学位。之后，铁钦纳在纽约康奈尔大学担任心理学教授。正是在这里，他创立了被称为构造主义的心理学流派,并将心理学研究带到了美国。

铁钦纳的内省

铁钦纳拓展了冯特的方法,他的学生都要经历一个艰苦的训练过程,从而使自己成为训练有素的内省者。通过向内观察,学生会把他们所体验到的内在感觉筛选出来,并报告这些感觉。

一个有效内省者能够描述自己观看图像时感觉到的强度和清晰度。例如,当观察一只鸟的图像时,一个漫不经心的观察者可能只会把它描述为"蓝色的"。然而,铁钦纳训练他的学生观察他们注意力最初被吸引处之外的地方,描述出其他元素,如蓝色的色调或看到鸟的感觉。

铁钦纳和他的学生开始分析构成意识经验的元素。铁钦纳利用他早期的生物学方面的经验,试图通过他的学生的内省观察来编制心理元素周期表。他们研究了这些意识经验元素的规律以及感觉之间的联系。使用这种方法,铁钦纳的学生报告了

除了蓝色的鸟你还能看到什么?铁钦纳训练他的学生更详细地描述他们的感受,把他们的观察结果分解成具体的元素。

他们所体会到的不同元素,在《心理学大纲》(1899)中,铁钦纳报告了超过4万种感觉元素。

铁钦纳总结说,构成所有意识经验的三个基本要素是情感、感觉和意象。随着他的研究逐渐成熟,其应用反而变得更加有限。铁钦纳的目标是查明感觉是如何将信息输入我们的意识中的,他认为正是他所发现的这些元素构成了人类的意识经验。

然而,尽管学生们受过专业训练,铁钦纳还是依赖于他们的主观观点,而这些观点最终依赖于他们自己对所描述的感觉的意识经验。因此,按照现代标准来看,构造主义方法论是有缺陷的。

机能主义

"机能主义"源自构造主义学派。这一思想流派的心理学

铁钦纳统计的感觉元素及其数量

感觉元素	数量
色觉	大约 35 000 种
由白到黑的亮度感觉	600 至 700 种
声觉	大约 11 000 种
味觉	4 种(甜、酸、苦、咸)
来自皮肤的感觉	4 种(压力、疼痛、温暖、寒冷)
来自内部器官的感觉	4 种(压力、疼痛、温暖、寒冷)
嗅觉	可能有 9 大类,但细分可能有上千种元素
全部感觉元素	约 46 708 种,还要再加上不确定具体数量的嗅觉元素

家比起单独研究每种行为或感觉，对每种行为的机能，以及有多少种不同的行为可以有助于一个有机体的成功更感兴趣。这一流派的创始人威廉·詹姆斯（William James）最初受到了查尔斯·达尔文（Charles Darwin）著作的启发——他认为我们的行为和特征是具有适应性的，这意味着它们具有一些有助于我们生存的机能。

机能主义与其前身构造主义的不同之处在于，它的支持者试图研究各元素如何共同影响行为，而不是单独研究某一元素。他们也致力于在行为研究中使用更客观的技术，而不再使用内省法进行研究。

作为心理学的一个流派，构造主义在1927年铁钦纳去世后并没有存活多久，它和机能主义一起被新的思想流派如格式塔心理学所取代。然而，铁钦纳的研究成果为心理学被视为科学打下了坚实的基础。

第3章

格式塔心理学

格式塔心理学兴起于20世纪的德国，是对机能主义和构造主义心理学的回应。格式塔理论强调任何事物的整体都大于其各部分之和，为现代知觉研究奠定了基础。

似动现象

心理学家马克斯·韦特海默（Max Wertheimer，1880—1943）的一次简单观察研究成为格式塔心理学的基础。韦特海默的论文《关于运动知觉的实验研究》研究了视觉错觉和人类对运动的知觉。他指出，当没有实际运动发生时，我们却可以看到运动或移动。例如，当我们看到一连串快速从我们眼前闪过的静止图片时，我们会将其视为一个动态图像。据传说，1910年夏天，韦特海默在火车上玩一个儿童玩具时得出了这一新颖的观察结果，他称之为"似动现象"（1912）。韦特海默的经典似动现象实验，就是利用旋转式速示器的轮子透过的光缝，来使人产生似动知觉的。

似动现象是不可能用构造主义的框架来解释的。构造主义在研究人类的心理过程时，每个感觉元素都被单独研究；而格式塔心理学则认为，似动知觉不能被分解为单个的感觉元素。

当观察到运动时，个体的神经系统不会以零碎的形式，也就是以图片的形式处理输入的信息，而是通过许多感觉经验同时接收信息。因此，画面输入后会立刻以一个完整的运动影像的形式保存在头脑中。哪怕物体实际上没有运动，我们的知觉依然会被欺骗，从而感知到运动。

你对现实的知觉是什么？你看到的是一个花瓶还是两张脸？马克斯·韦特海默于1912年开始研究视觉错觉和对运动的知觉。

格式塔在德语中的意思是"形式"或"完形"。格式塔心理学认为运动的整体要比所有元素的总和更重要。在后来的著作中，这一原则被表述为"完形趋向律"（law of Prägnanz）。

西洋镜的工作原理就是似动现象。每张图片都是明显不同的，但按顺序快速转动它们时，就会给人一种运动的感觉。

在韦特海默进行观察之前，人们就已经知道了似动现象的机制。事实上，它当时在电影业已经被实际应用多年了，而且它的许多特性似乎在韦特海默发表论文之前就已经被研究出来了。

沃尔夫冈·科勒

沃尔夫冈·科勒（Wolfgang Köhler，1887—1967）也许是最著名的格式塔心理学家。他不局限于感觉经验方面的研究，而将格式塔的概念应用于研究猿类的问题解决能力。

第一次世界大战期间，在特内里费岛对猿类进行的实验中，科勒观察到猿类会克服障碍以获得目标物体。

在一系列实验中，食物被放置在障碍物后面或迷宫中。早期对猫和狗的实验表明，动物会通过反复试错来获得食物。最初，黑猩猩会试图通过跳跃来够到香蕉，而失败后它们会变得沮丧又愤怒。最终，它们会用围栏里的玩具和其他物体来解决问题以获得食物。一些黑猩猩会堆叠箱子；而一只叫苏丹的黑猩猩则将两根短棍连接在一起，做成一根较长的杆子，用来够香蕉。

猿类通过顿悟和观察物体之间关系的方式来解决问题的能力，支持了格式塔理论的假设，即不能通过研究单独的感

雷·哈里豪森（Ray Harryhausen）使用每秒 24 帧的静止画面来模拟似动现象。在韦特海默发表其似动现象理论的许多年前，电影业就已经在使用这种特殊效果了。

觉反应来解释行为,而需要对可能存在相互作用的多重因素进行研究。

韦特海默、科勒、库尔特·考夫卡(Kurt Koffka,1886—1941),以及他们的学生将格式塔理论扩展到知觉、问题解决、学习和思考等其他领域。格式塔理论后来还被应用到动机、社会心理学和人格等研究领域。

格式塔疗法

20世纪40年代,格式塔心理学的创始人们为逃离德国的纳粹政权而去往美国,并将他们的影响力带到了那里。由弗雷德里克·S.皮尔斯(Friedrich S. Perls,1893—1970)等开发的格式塔心理疗法也在美国出现了。

为了够到香蕉,苏丹(上图)将两根短棍连接在一起;而格兰德(右图)则决定尝试一种更危险的策略,即堆叠箱子来获取食物。

第 3 章　格式塔心理学

虽然与格式塔心理学的最初理念并没有直接联系，但这一心理疗法分支主要关注完整的个体及其在当前情境下的心理障碍。换句话说，格式塔疗法强调此时此地和个人责任。

这种疗法通过对当前经历的认知领悟，并强调正念，来鼓励来访者发挥自己的创造力，从而在生活中可能存在阻碍的领域获得满足感。这种疗法的基础是对行为、情绪、情感、知觉和感觉的自我觉察，从而完整地了解自己。1951 年，皮尔斯根据自己的研究和临床记录，出版了《格式塔治疗：人格中的兴奋与成长》一书。该书出版后不久，皮尔斯在 1951 年成立了纽约格式塔疗法研究所，并开始用他的理论培训治疗师。

虽然 20 世纪 50 年代之后，格式塔心理学并没有作为一个独立的心理学流派存活下来，但它对理解人们如何知觉现实做出了重要贡献。从早期的错觉实验和猿类问题解决实验中，格式塔心理学向我们表明，对现实的整体知觉可能大于构建我们现实的所有部分之和。

第4章

知觉

在下面这张图片中你能看到什么？如果你不熟悉这张图片，你只会看到一堆黑白斑点。然而，许多人能够从中辨认出一只斑点狗的形象。这张图片的惊人之处在于，其上并没有斑点狗的轮廓。只是我们的大脑把它所识别的形状知觉为一只斑点狗边走边嗅着地面的形象，并为我们填补了缺失的信息。

视知觉

我们倾向于组织视觉信息，以便看到图案。在第2章中，我们讨论了爱德华·B.铁钦纳的研究如何识别出大约46708种感觉元素，他认为可以从这些感觉输入到大脑的过程中理解意识经验。相比之下，格式塔学派则认为，我们对现实的知觉是一个整体，而不是所有部分之和。

关于我们如何接收和组织视觉信息也有类似的争论。"自下而上"的观点认为，我们的知觉完全基于我们的眼睛所接收到的信息。另一种"自上而下"的观点则认为，为了使我们接收到的大量信息有意义，我们的大脑对我们所知觉到的东西产生了预期，并让信息适应这种预期。

1970年，心理学家理查德·格雷戈里（Richard Gregory，

第 4 章 知觉

从一堆无法单独解读的斑点中显现的一只斑点狗（James，1965）。

1923—2010）认为知觉是一种建构性的过程。我们将眼睛接收到的直接的视觉信息与我们大脑中储存的知识结合起来并构建出图像。他认为，知觉基于以下三个方面：

- 来自我们周围环境的感觉信息。
- 对过去经验的记忆。
- 我们的大脑所构建的假设和推论。

我们需要来自过去经验的认知信息或大脑中储存的知识来帮助我们理解我们的眼睛所看到的内容，因为我们通过感官接收到的信息经常是模糊的，有时甚至是相互矛盾的。

内克尔立方体就是一个很好的例子。如果你盯着这张图片，并把注意力集中在线的交叉处，立方体就会"翻转"并改变方向。

无畏的心理学

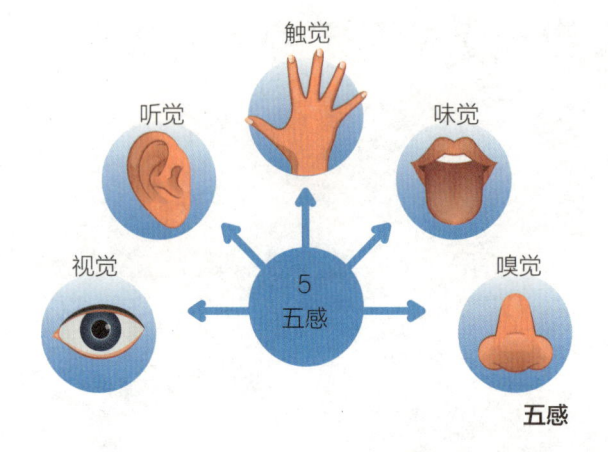

触觉
听觉　　　　　味觉
视觉　　5　　嗅觉
　　　　五感

五感

如果你继续盯着立方体看，这张图就会变得不稳定，让你产生两种知觉，使得立方体在两个不同的方向之间来回翻转。格雷戈里认为，发生这种情况是因为大脑产生了两种同样合理的假设，但大脑无法决定到底接受哪一种假设。

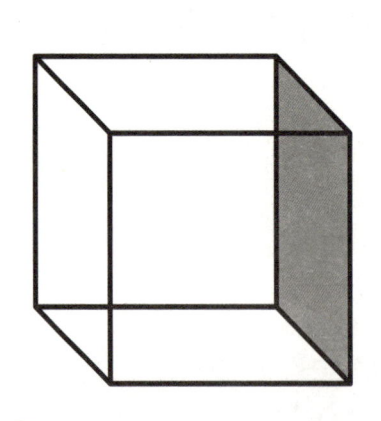

内克尔立方体可以创造一种视觉错觉，让立方体看起来似乎会翻转。格雷戈里认为，这是由于感官输入的信息和人对所看到事物的预期使大脑产生了两种相互矛盾的假设。

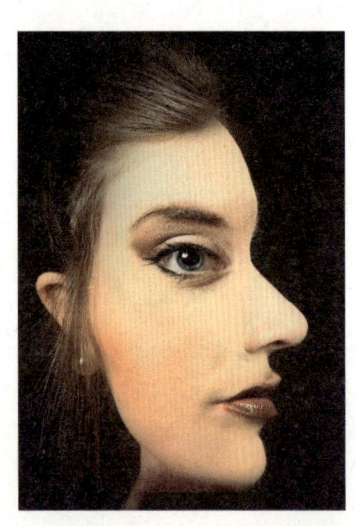

这个人是正对着你，还是侧脸对着你？这就是我们的知觉产生冲突的一个例子。

视觉输入并没有发生改变,因此知觉的变化不可能是自下而上的处理导致的。这些变化必然源于自上而下"误用"的假设,即大脑预期什么是近的,什么是远的。

格雷戈里还用一个凹陷的面具证明了这种知觉效果。当我们看到一个凹陷的面具时,几乎不可能不把它看成凸的。这是因为我们大脑中储存的关于现实的知识使得我们有一种"看到脸"的倾向,而这推翻了我们从感官接收到的关于深度知觉的信息。这种现象也可以解释为什么人们经常在月亮上看到一张脸。

对格雷戈里来说,知觉是我们的大脑构建的一个假设。大脑必须根据先前的知识对外部环境作出推断。这样一来,我们就基于感官提供的和存储在记忆中的综合信息,主动地构建了我们自己对现实的知觉。

然而,这一理论主要基于在人工环境中观察到的错觉。在现实世界中,还有其他感觉对视觉进行补充,以纠正可能的误解。

一个人面凹雕。由于你的大脑期待看到一张凸起的脸,你也可能会知觉到一个人面凸雕。

吉布森的直接知觉理论

詹姆斯·吉布森（James Gibson，1904—1979）不同意格雷戈里认为我们的知觉只是我们头脑中的一个假设的观点，提出知觉来自我们感官接收到的直接信息。吉布森从他在二战期间训练飞行员降落飞机的工作中总结出了他的直接知觉理论。他认为，飞行员降落飞机时所需要的只有地平线、跑道轮廓、地面纹理和地面的似动。从这种意义上讲，我们从环境中获得的信息足以单独构建我们对现实的知觉。你所看到的就是你所知觉到的。

吉布森把视觉输入的机制解释为"光流"。当我们在环境中移动时，正前方的物体看起来是静止的，代表一个固定的点，但侧面的物体看起来是向我们的方向移动的，就形成了一个光流。

对飞行员来说，光流是如何变化的？即将着陆（上图）；飞离机场（下图）。

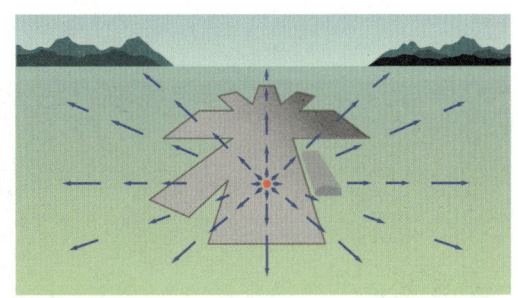

光流的变化给我们提供了关于环境的重要线索。当入射光从物体表面反射到眼睛中时，物体的视亮度及其大小可以表明它有多远。其他线索也有助于感知距离，如较近的物体会挡住较远的物体。当你在视觉环境中移动时，这些信息会随着你的位置的改变而改变。

吉布森还认为，有一些信息（不变量）是不会改变的，而这些信息对于准确的知觉同样重要。大多数物体都有视觉上的纹理，这种纹理会因物体的远近而不同。当我们远离物体时，纹理似乎变得更纤细精巧；当我们接近物体时，纹理似乎变得更稀疏粗糙。通过这种方式，我们能够判断我们与物体的距离。所以，当观察者在环境中移动时，环境的特征也会发生变化。

透视和地平线比例关系是视知觉中另一个不变量的例子。我们的焦点在地平线上有一个消失点，透视线在那里汇合。如果我们观察一条消失在远处的铁路，我们就会看到这个点。利用这些背景视觉线索，我们可以判断一个物体的大小或与它的距离。然而，这可能会导致地平线比例相同的两个大小不同的物体看起来却是一样大的。吉布森认为，这种效果是由感官输入的信息而不是存储在大脑中的认知造成的。这种现象的一个有趣的例子是艾姆斯房间错觉，它就是利用这种效应，改变了人们知觉到的房间里的人的大小。

新西兰航空 901 号航班空难

1979 年 11 月 28 日，新西兰航空公司 901 号航班从奥克兰机场起飞。这是由 237 名乘客和 20 名机组人员所组成的前往南极洲的观光航班。

飞机计划在麦克默多湾上空绕行数圈，麦克默多湾地势相对低平，充满冰冻水，这样游客就可以在这里拍照，欣赏远处的山脉。然而，当日输入飞机计算机的飞行路线与飞行员得到的简报不同。飞机没有去麦克默多湾，而是穿过罗斯岛，向海拔 3794 米的埃里伯斯火山飞去。

为了让乘客有更好的视野，飞行员经常在该地区低空飞行，这种飞行方式是受到限制的。当日天气晴朗，飞机被允许下降到 3050 米的高度，然后继续目视飞行，而不使用导航系统，最后再低空飞过这片大陆。

当飞机下降到危险高度时，白色的冰与白色的山融合在一起，这种现象被称为"乳白天空"。由于没有任何对比来显示地面的倾斜度，飞行员完全没有意识到他们即将直接向山飞去，尽管山就在他们的面前。飞行员相信了引领他们来到这个地方的飞行路线计算机，并依靠他们自己对麦克默多湾的记忆来进行目视飞行。根据他们以前的经验，他们的大脑期望看到平地，所以他们知觉到的也是平地。

地平线比例关系。图上的三个人身高一致，但是地平线比例可能会使我们认为他们身高不同，左边的人看起来最矮。

第 4 章 知觉

在不可避免的撞击发生的 12 秒前,低空碰撞警报响起。机组人员突然意识到他们的错误,但为时已晚,飞机的命运已经注定。机上乘客和机组人员全部遇难。这起事件至今仍然是新西兰航空公司历史上最严重的空难,震惊了整个国家。坠机的根源是飞行员依赖错误的飞行路线,又遇到了视觉错觉,导致他们未能及时采取行动避开山体。从中我们吸取了许多教训,航空系统和飞行员培训也因此得到了改进。

在艾姆斯房间错觉中,因为房间被巧妙地扭曲了,会使一个人看起来很小。地板虽然看起来是水平的,但它实际上是倾斜的,使得左边的人看起来更大,右边的人看起来更小。赛克尔和克拉克(Seckel and Klarke,1997)认为,这是由地平线比例关系造成的错觉。

吉布森的理论认为,我们对环境有直接的视觉知觉。这一理论无疑具有广泛的实用价值,从道路标识设计到安全驾驶,再到飞行员培训,都可以应用该理论。当观察的情境清晰明确时,吉布森的理论为知觉提供了一个很好的解释。然而,像 901 号航班坠毁这样的事件强调了记忆对我们的视知觉具有重大影响。我们期望看到的东西会影响我们对现实世界的知觉。幸运的是，像 901 号航班机组人员所经历的这种错觉在现实世界中是罕见的。无论如何，这次事件确实为格雷戈里的理论提供了证据，即我们的视知觉是由我们看到的和我们所期望看到的东西共同构建的。

1979 年新西兰航空公司 901 号航班坠毁的主要原因是飞行员所熟悉的一种视觉错觉"乳白天空"。尽管天气晴朗，但因为飞行员没有意识到他们所看到的是一座山，飞机还是撞上了埃里伯斯火山（如图）。

第5章

心理动力学

你会在任何一部以精神科医生办公室为背景的电影中，看到西格蒙德·弗洛伊德（Sigmund Freud，1856—1939）的半身像，雪茄和眼镜都是他的标志，会让人联想到他带着奥地利口音询问你与母亲间关系的画面。尽管他的大部分作品都是用德语写作和出版的，但他创造的一些短语已经成为我们日常语言的一部分，甚至有一种以他的名字命名的社交失礼行为，即"弗洛伊德口误"。弗洛伊德是心理动力学理论的奠基人。

西格蒙德·弗洛伊德

弗洛伊德的科学生涯始于维也纳大学医学院，他的第一门课是"普通生物学和达尔文主义"。弗洛伊德自然受到了达尔文主义观点的影响，他认为生物学是心理学的"基石"，我们的心理在很大程度上是我们潜意识的生物本能以及我们对其处理方式的结果，而这个过程始于童年。

西格蒙德·弗洛伊德出生于摩拉维亚（现在是捷克共和国的一部分），父母是犹太人。他在维也纳长大，为躲避纳粹政府的迫害于1933年逃往伦敦。

无畏的心理学

卡尔·荣格

在心理动力学理论的历史上,另一个值得注意的人物是卡尔·荣格(Carl Jung, 1875—1961)。荣格在弗洛伊德理论的基础上扩展了诸如"埃勒克特拉情结"(恋父情结)等理论。荣格和弗洛伊德密切合作了数年,弗洛伊德将荣格视为他的门徒。然而,在1912年的美国巡回演讲中,荣格公开批评了弗洛伊德关于"俄狄浦斯情结"(恋母情结)的理论,两人的关系受到了不可挽回的破坏。

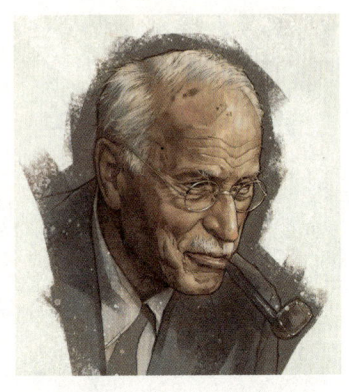

卡尔·荣格,分析心理学创始人。

荣格继续发展了他自己的心理学分支——分析心理学。他对心理学有着比弗洛伊德更哲学的观点,尽管荣格认为自己是一名科学工作者,但他在工作的某些领域采用了宗教的观点。例如,荣格提出,人类共有一种集体潜意识:我们对祖先的过去有着先天的记忆,这些记忆会影响我们的行为。他将这些普遍的人类思想称为"原始意象",并用它们来解释跨文化情境中反复出现的主题,如共同的道德价值观或民间故事的相似之处等。

潜意识

心理动力学领域的理论都基于这样一个假设:我们的行为中有一些要素是由潜意识的心理过程所引导的。它们可能受到我们与生俱来的生物驱力或我们过去经历的影响。例如,我们童年时发生的事件，特别是与父母的互动中发生的事件，塑造了我们成年后的人格。这就像一座冰山一样，一些驱力是显而易见的，出现在我们的意识表面，但也有很多驱力是隐藏在表面之下的。我们可以使用自由联想或梦境分析等方法来研究这些潜意识过程，但目前仍有很多我们未知的内容。

批评

心理动力学理论因其可以解释早期发展对后期行为和人格的影响，仍然很受人们的欢迎。它还解释了生理的影响，即我们天生的、潜意识的驱力，以及环境的影响，即童年时期的互动模式，两者是如何塑造我们的自我的。但这种理论也被批评为过于决定论。如果生理和童年经历塑造了我们的自我，那么我们的行为岂不是完全由我们无法控制的力量预先决定了吗？

由于心理动力学理论提出的大部分内容都发生在我们的潜意识中，因此研究起来非常困难。心理动力学理论是不可证伪的，这意味着没有任何测试或实验可以用来证明它是错误的。无法证明某件事是错误的，这在逻辑上并不意味着它就是正确的或可能是正确的。事实上，其含义正好相反：它不能被仔细检查，也就不能被证明是正确的。尽管存在这些缺点，心理动力学理论仍然影响着现代心理学和心理治疗领域。

第 6 章

性心理发展阶段

西格蒙德·弗洛伊德提出,我们儿童期的人格发展可以分为五个阶段,也被称为性心理发展阶段。我们并不会在意识层面知道自己经历了这些阶段,但我们可以从成年后的行为中解读我们在每一阶段发展的成效。

力比多和固着

我们的"力比多"(libido),也就是寻求快感的本能,在每个发展阶段都是由身体的不同部位来表达的。我们的力比多必须得到满足才能成功地进入下一个阶段,而在此过程中,我们的父母发挥了非常重要的作用。弗洛伊德认为,如果一个人童年时很

儿童期的五个性心理发展阶段。

第 6 章 性心理发展阶段

容易地通过了这些发展阶段，并解决了力比多和心智之间的所有冲突，就会发展成一个适应性良好的成年人。而一个人越难使一个阶段中的力比多得到满足，这个阶段的问题就越会影响其成年之后的行为。

在每个阶段对力比多的刺激过多或过少都会导致"固着"（fixation）和未来人生中的不健康行为。例如，婴儿经历的第一个阶段是口唇期，在这个阶段我们的力比多主要集中在嘴巴上，我们通过吮吸、咬噬和把任何触手可及的东西放进嘴里来获得快感，而这常常让新手父母感到恐惧。这种对口唇的聚焦是有生物学意义的，婴儿的主要目的是从父母那里获得食物，而一个不迷恋吮吸乳汁的婴儿会面临严重的营养不良风险。

然而，如果一个人固着在口唇期（可能因为其断奶太早或太晚），就可能在成年后特别专注于自己的口腔。弗洛伊德认为，口唇期固着的表现可能包括成年人咬指甲、吸烟、吮吸拇指和过度进食等行为。

性心理发展阶段：

弗洛伊德认为，我们在儿童期的人格发展分为五个阶段：口唇期、肛门期、性器期、潜伏期和生殖期。

力比多：

一种与本能相关的心理能量，通常与性或寻求快感的冲动有关。

同样地，每个发展阶段都有固着的信号，这些信号在成年人身上可能会很明显。但潜伏期除外，在这个阶段，力比多处于休眠状态，孩子们会把他们寻求快感的能量集中在学习和发展友谊上（见下一页表格）。

俄狄浦斯情结（恋母情结）

性器期是一个特别有趣且富有争议的性心理发展阶段。此时力比多的焦点是性器，或者说是阴茎。在这个阶段，孩子们开始注意到两性之间的生理差异，而男孩们应该会经历弗洛伊德所说的"俄狄浦斯情结"，这个概念以希腊神话中的国王俄狄浦斯命名。

小汉斯（Freud，1909）

弗洛伊德关于性心理发展阶段的理论部分源于他对一个名叫小汉斯的小男孩的研究。汉斯患有马恐惧症，弗洛伊德着手调查可能的原因。他发现小汉斯对阴茎表现出了兴趣，他称阴茎为"widdlers"。弗洛伊德认为，汉斯的恐惧症可能和马的大阴茎之间存在联系。

随着汉斯的恐惧症有所好转，他开始只害怕那些头上套着黑色马具的马。他的父亲想知道马具对汉斯来说是不是象征着胡子，弗洛伊德随后得出结论，汉斯对马的恐惧可能象征着他对长着胡子的父亲的恐惧。

弗洛伊德结合了他的俄狄浦斯情结理论，认为汉斯已经或将会通过幻想拥有一个大阴茎并娶他的母亲来解决他与父亲的潜意识冲突，这使他能够认同他的父亲，并克服他的阉割焦虑。

第 6 章 性心理发展阶段

性心理发展阶段

发展阶段	年龄（岁）	力比多焦点	主要发展任务	成年固着表现
口唇期	0~1	口腔、舌头、嘴唇	断奶	抽烟、过度进食
肛门期	1~3	肛门	如厕训练	整洁或杂乱
性器期	3~6	生殖器	解决恋母/恋父情结	性偏离、性功能障碍
潜伏期	7~12	无	发展防御机制	无
生殖期	12+	生殖器	达到完全性成熟	如果所有阶段都顺利度过，那么这个人应该是性成熟和心理健康的

在性器期，男孩们会在潜意识中将他们的父亲视为对手，并希望篡夺其位置。与此同时，他们把寻求快感的欲望集中在他们的母亲身上，并希望占有母亲。男孩们还担心父亲会发现他们的这些感受，并通过拿走他们最珍贵的东西来惩罚他们，对当时的他们而言最珍贵的东西就是其阴茎。这就导致了另一种被称为"阉割焦虑"的情结。孩子通过认同自己的同性别父母并学习采纳其行为来成功度过这一阶段，因此男孩会模仿男性的性别角色，做出有男子气概的行为。

这一理论证实了对弗洛伊德的一个常见批评，即他的工作经常忽视女性心理。1963 年，卡尔·荣格扩展了弗洛伊德的理论，将埃勒克特拉情结（恋父情结）纳入其中。他提出，在性器期，女孩们会注意到她们身体上的不同，她们没有阴茎，而她们的母亲也没有阴茎。她们不会像男孩那样产生阉割焦虑，而是会迅速得出结论，认为自己已经被母亲阉割了。她们变得嫉妒，并发展出阴茎嫉妒，进而产生对父亲的性吸引和对母亲的敌意。

一旦一个女孩成功地解决了她的埃勒克特拉情结，她就会压抑自己的愤怒，接受她将度过没有阴茎的一生，认同她的母亲，并把拥有阴茎的愿望转换成拥有孩子的愿望。

批评

尽管荣格试图弥补这种失衡，并对女性的性心理发展进行了解释，但有人批评他假设女性会对男性的生殖器产生嫉妒，并传播了一种以男性为中心的心理发展观点。这当然不是对性心理发展阶段理论的唯一批评。要检验弗洛伊德的理论是很困难的，因为相关内容发生在我们的潜意识中，即使是潜意识的拥有者本人也无法进入其中一探究竟。然而，这些缺点并不影响这些理论在心理学史上的重要地位及其对我们理解人类心理所起的巨大作用。

第7章

人格三元论

作为心理动力学理论的一部分，西格蒙德·弗洛伊德提出，人格分为三部分：本我、自我和超我。这三部分都在为满足自己的需求而斗争，这主要发生在我们的潜意识层面，而我们的行为是平衡了每一种人格结构的需求之后的结果。

人格三元论

三种人格结构产生于我们生命中的不同阶段，并且各自有不同的需求和欲望，进而影响我们的潜意识。弗洛伊德提出，本我最先产生，出现在新生儿身上。本我又分为两部分，分别以希腊神话中的人物命名：厄洛斯（爱神），专注于生本能和性本能；塔纳托斯（死神），专注于死亡本能。

本我鼓励我们寻求生物本能的即时满足，例如获得食物或寻求快感。我们完全不知道它对我们行为的影响，因为本我完全在我们的潜意识层面活

冰山被淹没的部分代表潜意识。

道德/规则　　　冲突　　　需求/愿望

超我　　　自我　　　本我

人格的三部分包括本我，自我和超我。

动。它是冲动的、追求快感的，这对需要从父母那里寻求生存资源的婴儿来说是一个优势。

弗洛伊德认为，超我站在本我的对立面。它是我们肩膀上的天使，对抗着本我永不满足的寻求快感的需求。超我随着时间的推移而产生，是我们与家人、朋友和社会互动的结果。就像本我一样，它也分为两部分：良心和理想自我。

理想自我是我们用来评判自己的基准。如果我们没有达到理想自我的期望，我们会感到内疚和羞愧。尽管超我主要在我们的潜意识层面活动，但它与本我不同，可以进入我们的意识。

最后，自我代表我们有意识的自己。它在本我和超我之间进行调解，一边试图满足本我的需求，一边也以一种适应社会的方式行事。一个强大的自我会允许本我和超我只在适当的时候表达自己。如果自我较弱，本我可能会左右一个人的行为，导致冲动和自我毁灭的行为。如果超我占据主导地位，一个人可能会过度自我批判、道德感太强，从而导致焦虑症和神经症。

自我防御机制

弗洛伊德认为,本我和超我在试图影响自我的过程中经常发生冲突,而自我有被这些永不满足的需求淹没的风险。因此自我会使用防御机制来保护自己。这些机制存在于潜意识中——我们不知道自我在使用它们,但它们会导致人们心理异常。有人会"否认"发生在自己身上的事情,这就是一种自我防御机制。

最著名的防御机制包括否认、压抑、退行和投射。

- **否认:** 拒绝接受自己经历过或将要发生的事件,如亲人的死亡。
- **压抑:** 将令人不安或痛苦的想法保留在潜意识层面,不让它们进入意识,如不记得自己童年受过虐待。
- **退行:** 在面对当前的压力时,行为表现回到过去的阶段。例如,当压力过大时,成年人可能会做出青少年时期的不负责行为。
- **投射:** 把自己令人不安的想法或行为归咎于他人。如果你不喜欢一个人,但知道这是一种不被社会接受的情绪,你可能会认为实际上是那个人不喜欢你。

第8章

梦境分析

西格蒙德·弗洛伊德认为,梦是人们实现自己潜意识愿望的一种方式,因此梦可以揭示人们潜意识的愿望。

揭示潜意识

弗洛伊德并没有打算"解释"梦,而是用梦来揭示潜意识的思想。梦境分析疗法的目的是通过分析患者记忆中的显性梦境来揭示梦的潜在意义。

梦境分析主要以下列方式与心理动力学理论中的其他部分联系起来。

- **人格三元论:** 本我是我们的愿望和幻想的来源。在我们的意识层面,这些愿望往往被认为是不可接受的,并被自我和超我所抑制。于是它们被压抑在我们的梦境中。
- **防御机制:** 我们会将一些非常痛苦的事件或记忆,压抑到我们的潜意识中。于是,它们只能以梦境的形式再次出现。

弗洛伊德认为,在我们睡着时自我的防御能力会有所降低,因此我们潜意识中的欲望和恐惧会在这时显现出来。这就意味着一些来自我们潜意识的被压抑的思想会进入意识层面，尽管是以扭曲的形式出现的。他认为梦代表着潜意识愿望的实现，而这些梦的含义会被象征意义和梦的工作所掩盖。

"对梦境的解析是通向有关心灵潜意识活动知识的康庄大道。"

西格蒙德·弗洛伊德

> **显性梦境：**
>
> 你所记得的梦境内容。
>
> **隐性梦境：**
>
> 你梦中所发生的事情背后隐藏的意义。

愿望的实现

弗洛伊德提出，潜意识的欲望（愿望）是被自我和超我所压抑的。在题为"梦的审查作用"（1915）的讲座中，他给出了这样的定义："梦是通过幻觉满足的方法来消除干扰睡眠的（心理）刺激的东西。"在这里，心理刺激是指在潜意识中没有得到满足的愿望或欲望。

象征意义

如果一只獾（badger，右图）出现在你的梦里，这意味着什么呢？"解梦大全"可能会指

对梦境的解析是通向有关心灵潜意识活动知识的康庄大道。

出，獾代表打败对手，或者代表掌权者会给你带来麻烦，或者代表正在"纠缠"（"badger"一词的另一含义）你的事情。

事实上，弗洛伊德对解释梦的象征意义非常谨慎。他不认为存在普遍的象征意义，而"解梦大全"也激怒了他。每个象征对每个人都有不同的意义，这取决于每个人的生活经历。弗洛伊德认为，治疗师的工作就是通过调查患者的过往经历来识别显性梦境的潜在意义。

梦的工作

梦的工作是潜意识改变显性梦境，以向做梦者隐藏其真实意义的过程。弗洛伊德认为，我们潜意识的愿望和欲望会扰乱我们的睡眠，所以梦的工作把忌讳的愿望变成一种不那么有威胁的形式，让我们的睡眠不会受到那些极其夸张的欲望的干扰。

梦境分析的目的是试图解读梦的意义，逆转梦的工作。为了做到这一点，弗洛伊德不会试图向他的患者解释他们的梦的意义，他会使用像自由联想这样的技术来鼓励患者自己将在梦中出现的事物与其所代表的潜意识思想联系起来。

自由联想

在使用自由联想时，治疗师会鼓励患者不加批判地讨论他们当前最先进入头脑的想法。治疗师会说一个词来激发患者的想法，患者则要谈论他们立即想到的内容。当然，如果患者认为他们想到的第一件事是社会不可接受的或会让自己痛苦的，他们可能不愿意谈论这件事。不过，弗洛伊德认为，在自由联想时，长时间的停顿也是十分重要的。这种停顿可能表明患者正在接近一个关键的记忆或欲望。

现代应用

尽管研究梦的主观体验和为弗洛伊德的理论提供科学依据都很困难，但梦境分析仍然被治疗师经常使用。在2000年一项面向德国心理治疗师的调查中发现，对患者的梦进行分析在心理治疗中仍然很重要，大约有28%的访谈中会涉及某种形式的梦境分析；治疗师们还提到，他们的患者也因这项技术而受益（Schredl et al.，2000）。

弗洛伊德的梦（Freud，1895）

1895年7月24日，弗洛伊德做了一个梦，这个梦也为他理论的形成打下了基础。他一直担心一个叫厄玛的患者，她在治疗中没有像他希望的那样有所好转。弗洛伊德梦见他在一个聚会上遇到了厄玛，并对她进行了检查。然后，另一名医生之前给厄玛注射的某种药物的化学式突然出现在他眼前，他意识到也许她的情况就是由一支肮脏的注射器引起的。弗洛伊德的内疚就这样得到了缓解。

弗洛伊德得出结论，他的梦代表了他自己潜意识愿望的实现。因为厄玛的病情没有好转,他责怪自己并感到内疚。他潜意识希望厄玛这种糟糕的状况不是他的错,而这个梦告诉他,这是另一个医生的错。

基于这个梦,弗洛伊德又提出,梦的一个主要功能就是实现愿望。

第9章

人本主义心理学

心理学中的人本主义观点兴起于20世纪六七十年代的美国,是对行为主义心理学家和认知主义心理学家之间持续争论的一种回应。人本主义观点认为,心理学研究不应该只关注环境对行为的影响或只关注认知的机制,而应该重点关注人类的体验。

人本主义心理学源于19世纪下半叶出现在欧洲的存在主义哲学。哲学家们试图帮助人们接受自己存在于这个世界上就会常常感到痛苦。从这个意义上说,人本主义心理学偏向于治疗性,而不是一种纯理论的观点。它的目标是帮助人们更有效地应对生活中的问题,而不是全面理解人类行为。

马斯洛的需求层次理论

亚伯拉罕·马斯洛(Abraham Maslow,1908—1970)是人本主义心理学的主要理论家之一。马斯洛试图提出一种理论来解释人类的需求和动机的范围。

马斯洛最著名的理论可能是他的需求层次理论。他提出,人类有一定的基本需求,这些需求必须以特定的顺序得到满足。马斯洛的需求层次理论通常是用金字塔形状来表示的,最基本的生存需求位于底部,而最高层次的心理需求——自我实现——则位于顶部。

马斯洛认为,在一个人满足金字塔上更高层次的需求之前,每一个更低层次的需求都得到满足是至关重要的,而且这个过程会持续一生。他后来澄清说,一个人要满足更高层次的需求,不一定非要满足下面每个层次的所有需求。马斯洛还说,这种层次结构可以单独应用于一个人生活的不同领域,比如想要成为最好的父亲或母亲。

马斯洛找到了一些他认为健康、富有创造力和多产的人,并研究了他们的人格,以便更好地了解他们拥有的哪些特质,使他们能够自我实现。

研究对象包括埃莉诺·罗斯福(Eleanor Roosevelt)、阿尔伯特·爱因斯坦(Albert Einstein)、亚伯拉罕·林肯(Abraham Lincoln)、托马斯·杰斐逊(Thomas Jefferson)等。马斯洛认为,自我实现者是人类中取得最高成就者。他发现他们有着相似的特质,比如富有创造力、开放、有自主性、充满爱心、富有同情心和关心他人。此外,大多数自我实现者扎根于现实,接受那些无法改变的事情,同时积极解决可以解决的问题。

他们描述了强烈的"顶峰体验",在这种体验中他们超越了自己的存在,产生了一种有意义的感觉,然后他们会反复寻找这种

亚伯拉罕·马斯洛是一位美国心理学家,他主要对动机和人类自我实现的内在需求感兴趣。

第 9 章 人本主义心理学

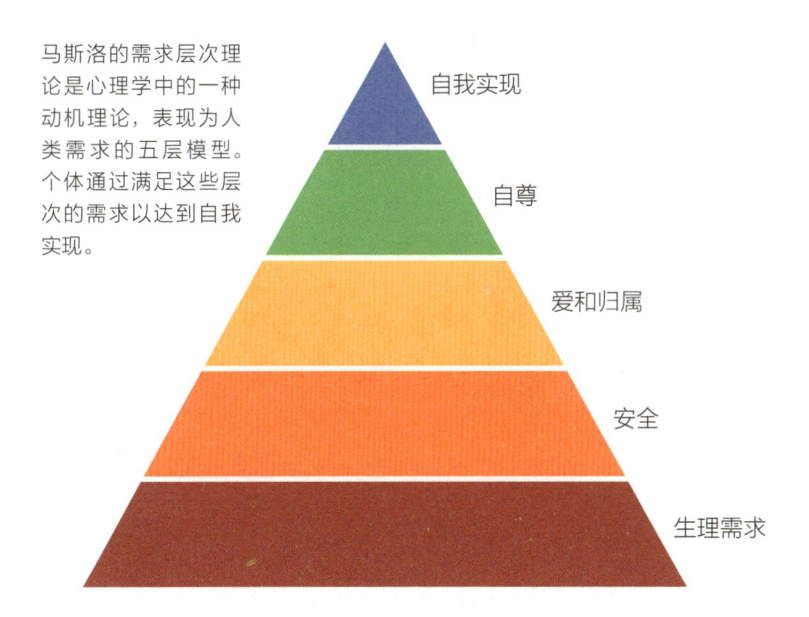

马斯洛的需求层次理论是心理学中的一种动机理论，表现为人类需求的五层模型。个体通过满足这些层次的需求以达到自我实现。

- 自我实现
- 自尊
- 爱和归属
- 安全
- 生理需求

感觉。这些人中的许多人还会在小团体中互动，并与团体中的其他人保持健康的关系。马斯洛接着提出，自我实现者表现出了一种"连贯人格综合征"（coherent personality syndrome），有着最佳的心理健康状态和机能。

遗憾的是，对一些人来说，由于未能满足较低层次的需求，进展常常被打断。尽管每个人都有向上提升的愿望，但他们可能会在不同的层次之间波动。这可能是离婚、失去收入或无家可归等生活事件造成的。因此，并不是每个人都能沿着单一的方向在层次结构中攀升，随着一生中需求的变化，一个人可能会在各个层次之间来回移动。

批评

马斯洛的需求层次理论因缺乏证据和科学严谨性而受到批评。研究的整体方法和主观性意味着个体之间可能存在很大的差异。此外，它反映了西方的价值观和意识形态，这意味着自我实现没有一个可以普遍适用的准确公式。然而，马斯洛拓展了心理学研究的领域，不仅研究那些患有精神疾病的个体，也研究那些机能健全的个体。在这一过程中，他对人格心理学提出了更积极的见解。马斯洛用自己的话总结了他的观点，他说："这就好像弗洛伊德为我们提供了心理学中病态的那一半，而现在我们必须用健康的那一半来填补。"

卡尔·罗杰斯

和马斯洛一样，卡尔·罗杰斯（Carl Rogers，1902—1987）也是人本主义心理学的创始人之一。他是一位杰出的心理学家，专注于研究健康个体的成长潜力，为人们理解自我和人格做出了重要贡献。罗杰斯和马斯洛都信奉自由意志和自我决定，他们相信每个人都渴望成为最好的人。卡尔·罗杰斯的人格发展理论推动了人本主义心理学的发展。

他提出了"自我实现倾向"一词，描述了我们会尽最大能力去取得成功的基本动机。他强调，人是活跃的、有创造力的，活在当下，能够行使自由意志，能主观地感知周围世界并做出反应。罗杰斯认为，人的本性是善良的，就像一朵花一样，如果环境条件是合适的，人就会茁壮成长，发挥自己的

卡尔·罗杰斯是一位人本主义心理学家，他同意亚伯拉罕·马斯洛的主要假设，但他又补充说，为了实现"美好生活"，你需要无条件的爱、合适的环境和同理心。

潜能。

他是第一个提出以无条件的、积极的和接受的眼光来看待自己，而不去过分苛责自己的心理疗法的人。他将这种方法称为"无条件积极关注"，并使用这种方法来引导他的患者恢复健康。这种"患者控制"的方法是疗法的一个飞跃，并在当时彻底改变了人本主义心理学领域。

理想自我与真实自我

罗杰斯理论的核心是，一个人要想自我实现，就必须让他所谓的"理想自我"和"真实自我"之间保持一致性。理想自我是指我们想成为的人，真实自我就是指我们真实的样子。一致性是指我们对真实自我和理想自我的看法相似，我们的自我概念因而也是准确的。高度一致性的特点是具有更强的自我价值感和富有成效、健康的生活。然而，当我们的真实自我和理想自我之间存在很大的差异时，我们就会经历一种被罗杰斯称为"不一致"的状态，这种状态有时会导致我们无法应对正常

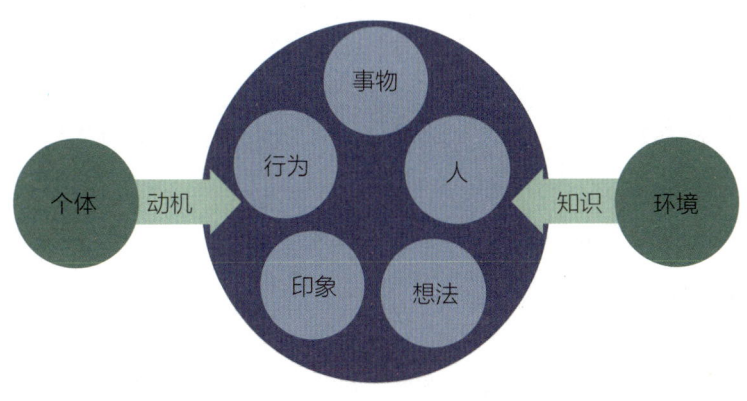

现象场是指个体从环境和动机中提取的主观现实，这些主观现实会作用于个体的自我发展。

生活的需求。

美好生活

罗杰斯从原则而不是发展阶段的角度来思考人生。他认为这些原则以一种流动的方式运作，而不是保持静止状态的。一个机能健全的人会不断地努力发挥自己的潜能。这被视为一个持续的、不断变化的"成为"的过程，而不是达到最终目标的步骤。这就是罗杰斯所说的"美好生活"。"美好生活是一个过程，而不是一种生存状态。它是一个方向，而不是一个目的地。"（Rogers，1967）

罗杰斯在他认为机能健全的人身上发现了五种相似的人格特征。

- **对体验的开放性：**远离自我防御，接受积极和消极的情绪，并解决问题。
- **存在主义生活方式：**充分体验当下发生的事件，而不是扭曲过去或未来的事件，以适应人格的自我概念。
- **相信感觉：**相信感觉、直觉和本能反应，相信自己的决定是正确的，相信自己作出了正确的选择。
- **创造力：**在生活中不需要循规蹈矩，拥有创造性思维和冒险精神。
- **丰富而充实的生活：**总是在寻找新的挑战和体验，对生活感到非常快乐和满意。

罗杰斯认为，机能健全的人是很平衡、很有趣的，这些人在社会上拥有很高的成就。

与马斯洛一样,罗杰斯的理论和疗法几乎没有实验证据支持。批评者认为,所谓机能健全的人是西方文化的一种建构。在其他文化中,群体的成就比个人的成就更有价值。

总的来说,人本主义的整体观使深入理解个体成为可能。然而,几乎没有实验证据来支持其关键性理论。无论如何,它将心理学推向了新的领域,关注健康的个体,而不仅仅是那些需要心理干预的人。从这个意义上说,人本主义观点增强了心理学的吸引力,让我们所有人更好地理解了我们的动机以及我们需要什么来实现"美好生活"。

第10章

行为主义

行为主义心理学家试图让心理学回归到比心理动力学理论更纯粹、更客观的科学。这一流派的创始人约翰·B. 华生（John B. Watson，1878—1958）指出："行为主义心理学家无法在其科学研究的试管中找到意识。"行为主义心理学家注重衡量因果关系。他们改变实验对象所处环境中的刺激物，并且只测量他们可以直接观察到的反应。他们并不试图解释发生在两者之间的过程或认知。

比较心理学

行为主义心理学家认为，人类和非人类动物的学习方式非常相似，因此通过研究动物，我们可以深入了解人类的行为。一些最著名的行为研究都涉及对动物的使用，如巴甫洛夫对狗的经典条件反射研究，或斯金纳对鸽子和老鼠的奖惩效应的实验。

这类研究始于爱德华·桑代克（Edward Thorndike，1874—1949）。他利用迷箱研究动物的学习能力。动物必须拉动一个杠杆才能从箱子里逃出来，并拿到食物。桑代克观察了动物（通常是一只猫）用了多长时间来弄清楚杠杆的用途。他在迷箱中对同一种动物进行了反复测试，并记录它们在每次测试中花费的时间，观察它们在多次测试中是如何提高效率的。根据这些观察，桑代克提出了效果律，该定律指出，行为是否会被重复，取决于其效果。如果结果是令人愉快的，比如拿到食物，这种行为就会被重复；如果结果是不愉快的，那么这种行为就不会被重复。

"给我一打健康的、发育良好的婴儿，再给我一个特定的环境来养育他们，我保证从中随机抽取任何一个人，不管他的天赋、爱好、性情、能力，以及他父母的职业和种族如何，我都可以把他培养成我所指定的任何一种类型的专家——医生、律师、商人，是的，甚至是乞丐和小偷。"

约翰·B.华生，1924年

白板

行为主义心理学家还认为，人类出生时心灵是一块白板，需要通过后天的经验在上面进行书写。因此，我们的行为是通过一生中与环境的互动而习得的，通常是通过一种叫作"条件反射"的过程习得的。这种观点被称为"环境决定论"，即我们的行为是由环境决定的。如果我们假设我们的行为是由自己无法控制的因素决定的，这就对个人责任提出了重大挑战。

这种非常严格的行为观是由约翰·B.华生在1924年提出的，被称为"方法论行为主义"。20世纪30年代，B.F.斯金纳（B.F. Skinner）提出了"激进行为主义"，该理论认为，尽管情绪不能被直接观察到，我们也无法对其进行分析，但它也会影响我们的行为。斯金纳还提出，我们不仅会对刺激物做出反应，某些被称为"操作性行为"的因素也会影响我们的反应，并影响某种行为被重复的可能性。操作性行为可以是我们对某一行为的奖励，也可以是惩罚。

批评

许多心理学中的观点都被批评为"还原论"，也就是说，它们把非常复杂的人类行为现象简化为一套规则或理论，而忽略了其他因素。这是一个必要的过程，尤其是在行为主义这样的心理学分支中——它试图以科学和实证的方式研究行为。为了测量一个变量对行为的影响，并通过反复测试来研究它作为解释的有效性，我们必须只关注这个变量。斯金纳的激进行为主义在某种程度上试图纠正这种不平衡。

尽管行为主义心理学有其局限性，但它有助于我们理解人们如何通过经验进行学习，理解恐惧症在童年时期如何形成，甚至理解恐惧症如何在成年后被治愈。其理论已被日常应用于学校，以鼓励儿童的积极行为；在工作场所中，它被应用于提高工作效率；在社交媒体上，它还被用来促使我们点赞。

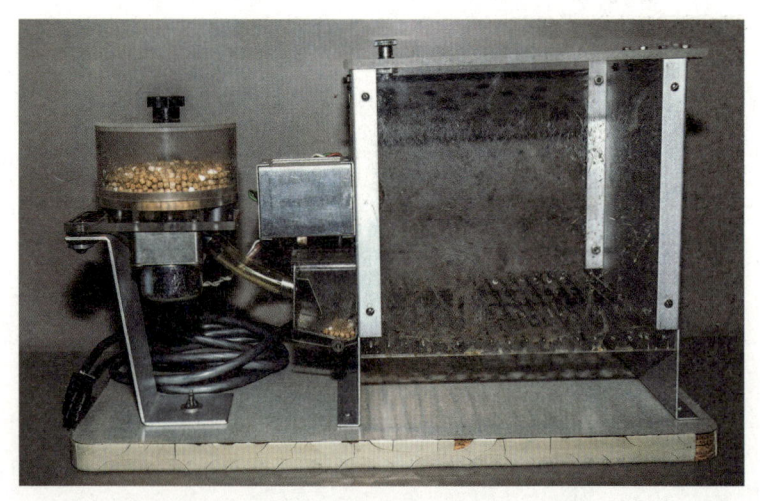

像斯金纳这样的行为主义心理学家，会使用迷箱来系统地研究老鼠等动物的学习能力。

第11章

经典条件反射

经典条件反射是行为主义的一个关键理论，它不是由心理学家提出的，而是由俄罗斯生理学家伊万·巴甫洛夫（Ivan Pavlov，1849—1936）提出的。经典条件反射本质上是一种通过联想进行的学习——最简单但最有效的学习形式之一。

巴甫洛夫的狗

巴甫洛夫当时正在研究消化系统，在他的一项实验中（他因此获得了诺贝尔奖），他研究了狗的唾液分泌。作为实验程序的一部分，巴甫洛夫通过手术将一个小瓶连接到狗的唾液腺上，给狗喂食以刺激其分泌唾液，并将其唾液收集在小瓶中。唾液分泌是一种反射动作，这就意味着它是狗无法控制的。巴甫洛夫想探究唾液分泌是否可以被控制。事实上，他发现狗不仅在被喂食时会分泌唾液，每当它们看到或听到提醒它们食物到来的刺激时，如看到喂养他们的实验助手，或听到他们

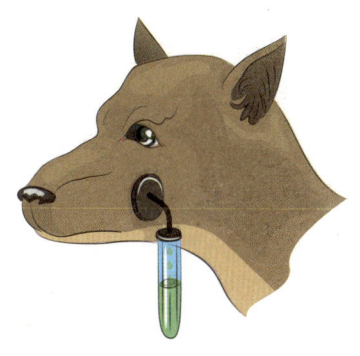

巴甫洛夫在狗的唾液腺上植入导管来收集唾液。

无畏的心理学

条件反射前

非条件刺激　　非条件反应　　　　中性刺激　　　　无反应

条件反射中　　　　　　　　　**条件反射后**

食物 + 铃声　　非条件反应　　　　条件刺激　　　　条件反应

巴甫洛夫对狗进行训练，使它们在听到总是与食物联系在一起的声音时，就会分泌唾液。

到来的声音时，它们也会分泌唾液。这些狗已经学会了将实验助手与刺激物（食物）联系起来。有宠物的人都会从他们毛茸茸的朋友那里体验到类似的反应，例如，当他们打开存放牵引绳的柜子时，狗会兴奋地吠叫。无论如何，巴甫洛夫进行了第一次对照实验来研究这种现象。

巴甫洛夫先让他的助手们给狗喂食（非条件刺激），同时让铃铛发出声音（中性刺激）。狗会对着食物分泌唾液（非条件反应）。这个过程不断重复，直到巴甫洛夫觉得狗已经开始将铃声（现在是一种条件刺激）与食物的出现联系起来。

接下来，巴甫洛夫和他的助手们只给狗听铃声（条件刺激），并观察到它们甚至在没有食物的情况下也开始分泌唾液（条件反应）。这些狗已经习惯于将铃声与食物联系起来了。

非条件刺激：

　　一种自然引起反射性反应的刺激。

非条件反应：

　　一种反射动作或自然行为。

中性刺激：

　　一种动物或人没有（或尚未）与所使用的非条件刺激相联系的刺激。

条件刺激：

　　一旦非条件刺激通过重复暴露，而与中性刺激联系在一起，中性刺激就变成了条件刺激。

条件反应：

　　非条件反应一旦被条件刺激单独诱发就变成了条件反应。

人类的经典条件反射

　　条件反射不仅仅出现在动物身上。它已被用于解释为什么我们会避免吃某些过去让我们感到不舒服的食物，为什么我们在电视上看到广告时会有想吃东西的冲动，以及为什么我们会患上恐惧症。

　　心理学家约翰·华生和罗莎莉·雷纳（Rosalie Rayner，1898—1935）进行了一项著名但非常有争议的研究，他们试图通过控制一个被称为"阿尔伯特·B."的婴儿的恐惧反应，来证明经典条件反射也会出现在人类身上。

条件情绪反应（Watson and Rayner，1920）

华生和雷纳的目标是用经典条件反射来控制一个小孩子的恐惧反应。由于这听起来很不道德，华生和雷纳打算在研究结束后逆转条件反射，研究也就不会对孩子造成任何长期的心理伤害。

他们招募了他们所在医院内一名护士的孩子，并称他为"阿尔伯特·B."。在每个阶段，华生和雷纳都控制并记录了他们的操作程序，甚至拍摄了部分过程。

研究过程如下。

情绪测试：

在阿尔伯特 9 个月大的时候，华生和雷纳向他展示了各种各样的物品，并观察他的反应。他们确认阿尔伯特在面对新物品时情绪稳定。除此之外，华生和雷纳还向他展示了白鼠、兔子、狗和猴子等动物。

阶段 1：建立条件情绪反应

在阿尔伯特 11 个月零 3 天大的时候，他们开始训练阿尔伯特对一只白鼠产生恐惧。他们把白鼠放在他面前，然后每当他伸手触摸白鼠时，就在他身后大力敲击金属棒。他们称这个过程为"联合刺激"，并重复了两次，希望阿尔伯特能够将白鼠与令人不快的声音联系起来。

阶段 2：测试条件情绪反应

在训练阿尔伯特对白鼠产生恐惧一周以后，这次他们给他看了一只白鼠,但并不伴随着刺耳的声音,同时给了他一些积木玩。他会小心翼翼地伸出手去摸那只白鼠,然后又把手缩回去,这表明他已经开始害怕碰它了。他愉快地玩着积木,这表明他并不是害怕华生和雷纳送给他的东西。

阶段3:泛化

在阿尔伯特11个月零15天大的时候,华生和雷纳测试了阿尔伯特是否会将他对白鼠的恐惧泛化到其他毛茸茸的动物和物品上。当他们向他展示白鼠和兔子时,他表现出了恐惧;他对狗和皮大衣的恐惧反应不那么强烈;对棉花和华生的头发则没有恐惧反应。

阶段4:改变环境

在阿尔伯特11个月零20天大的时候,他的条件恐惧反应被白鼠和出现噪音的联合刺激重新加强。华生和雷纳将他带到一个新的房间,以观察他的恐惧反应究竟是只出现在他被训练的那个房间里(一个光线充足的"暗室",在医院用来进行X射线检查),还是在其他地方他也会有同样的反应。他被带到了一个宽敞明亮的演讲厅,华生和雷纳再次给他展示了阶段3时展示过的动物和物品。在这个新环境中,他对白鼠、兔子和狗的反应没有那么极端,但仍然很明显。

阶段5:时间影响

最后,华生和雷纳想知道这种条件恐惧反应是否会随着时间的推移而消失。他们等到阿尔伯特12个月零21天大的时候，再次对他进行了测试。他们发现他对毛茸茸的物体的反应不那么极端，但仍然存在。

这项研究表明，儿童可以通过条件反射来习得恐惧。这项研究也对恐惧症在童年早期的发展方式提出了有趣的见解。然而，心理学上的收获可能无法抵消阿尔伯特·B.所付出的代价。华生和雷纳没有机会像承诺的那样逆转他的条件反射。在上述的最后一个研究阶段结束后不久，阿尔伯特的母亲就带着他离开了医院，没人知道参与这项研究的经历是否对他产生了长期影响。

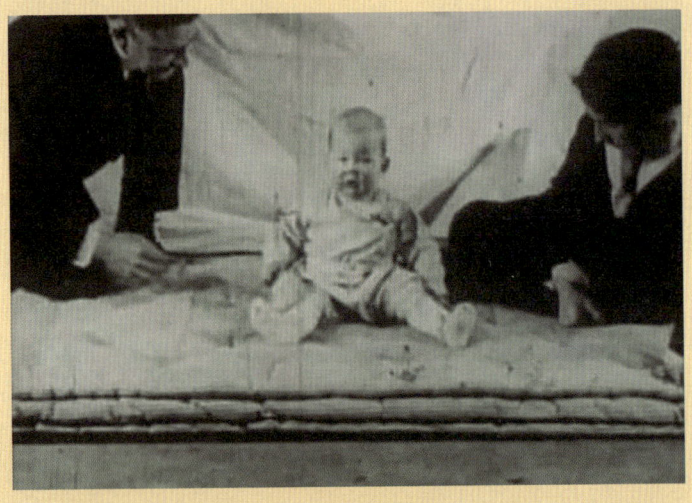

华生和雷纳与"阿尔伯特·B."一起研究婴儿的条件反射。

系统脱敏疗法

经典条件反射或许可以解释人类如何学会将某种刺激（如蜘蛛）与某种反应（如恐惧）联系起来。也许在小时候，一只蜘蛛意外地出现在一个人的肩膀上，或者他的家人看到蜘蛛便尖叫起来，从而吓了他一跳。这些都可能是一个人对蜘蛛产生条件恐惧反应的第一步。"系统脱敏疗法"是一种运用相关知识来逆转这种条件反射的有效尝试。

系统脱敏疗法旨在用更理想的行为（如放松）来代替并消除不理想行为（如恐惧）。这种疗法是向恐惧症患者，比如蜘蛛恐惧症患者，逐步呈现越来越可怕的恐惧诱发场景。例如，他们可能一开始只是看蜘蛛的图画，然后是看照片，接下来是和玩具蜘蛛待在同一个房间里，之后是触摸玩具蜘蛛，依此类推，最后逐步发展到将一只活蜘蛛放在手里。

在每一步中，他们都被教导使用控制呼吸或渐进式肌肉放松等方法来放松。这么做的原因是，一个人不能同时感受到两种相互冲突的情绪，所以如果患者学会把放松的感觉与看到蜘蛛联系起来，他们就不会同时感到恐惧。这就是所谓的"交互抑制"。

在蜘蛛恐惧症脱敏疗程结束时，参与者可能会被鼓励将一只活蜘蛛放在手里。

第12章

操作性条件反射

在20世纪30年代末，B.F.斯金纳提出了一种新的学习理论——操作性条件反射。斯金纳崇拜著名的伊万·巴甫洛夫，巴甫洛夫最先系统地研究了通过联想进行学习的方法。斯金纳以巴甫洛夫的工作为基础，发现不仅联想可以改变我们的行为，我们行为所带来的结果也可以改变行为。

通过结果学习

斯金纳提出，我们通过强化和惩罚来学习。受到奖励（强化）的行为更有可能被重复，而受到惩罚的行为更不可能被重复。然而，操作性条件反射比简单地奖励动物或人以促使其做出理想行为要复杂得多。斯金纳说："进行正向强化的方式比次数更重要。"强化和惩罚可以采取不同的形式和不同的时间安排实施。

根据斯金纳的说法，强化和惩罚都可以是正向的或负向的。一个人可以受到正向惩罚，这听起来可能有点矛盾。但在这种情况下，正向并不意味着"好"或"不错"，它指的是一个物体或动作等被添加到某个情境中。

负向惩罚或强化则是指某物被拿走的情况。正向强化可能是给某人一颗糖果或一句赞美，作为你希望其重复的行为的奖

第 12 章　操作性条件反射

	＋ 刺激 －
行为 ↑	+R 正向强化 　　 -R 负向强化
↓	+P 正向惩罚 　　 -P 负向惩罚

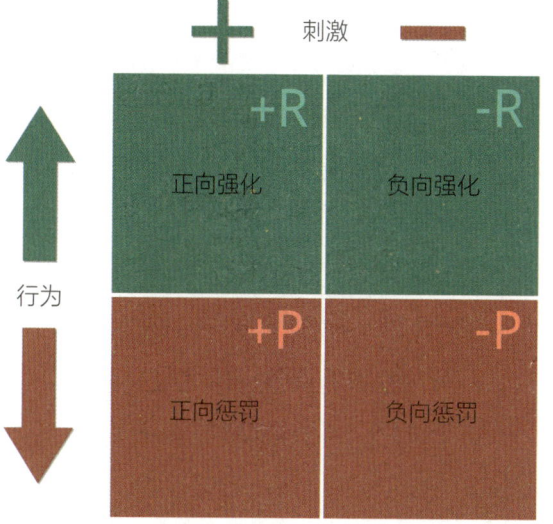

强化和惩罚对行为的影响。

有机体的行为（Skinner，1938）

在哈佛大学，斯金纳开发了他所谓的"操作性条件反射装置"，以研究强化和惩罚对行为的影响。他的学生们称这种装置为"斯金纳箱"，但斯金纳本人并不喜欢这个名字。

箱子里有一个杠杆或按键，动物可以按下它来获得强化特，比如食物颗粒。研究人员可以改变释放食物颗粒所需的按压杠杆或按键的频率。箱子里还可以设置一个刺激物，如光、图像或声音，动物会对这类刺激做出反应。箱子的底部也可以通电，以表明负向强化（去除令人不快的电击）可以用来强化行为。他的研究结果发表在 1938 年出版的《有机体的行为》一书中。

斯金纳用这些箱子来证明，动物（通常是老鼠或鸽子）按压杠杆或按键的频率，并不像巴甫洛夫的经典条件反射理论所认为的那样，取决于之前的刺激，而是取决于按压杠杆或按键之后的结果。

斯金纳还用这些箱子研究了不同比例的强化的效果。如果动物在每次完成一个动作时都得到强化（持续强化），它们可能会对奖励习以为常并厌倦于此，从而停止重复动作。这就是所谓的"消退"。斯金纳尝试改变强化方式，以探索其效果如何。

- **固定比例强化**：动物在完成一个动作一定次数后，会得到一粒食物，如鸽子每啄五下按键就能得到一粒食物。
- **可变比例强化**：动物在完成随机次数的动作后会获得一粒食物。
- **固定间隔强化**：动物在完成动作的固定一段时间后会获得一粒食物。
- **可变间隔强化**：动物在完成动作的随机一段时间后会得到一粒食物。

斯金纳发现，在强化不可预测的情况下，可变比例强化更能抵抗消退。

这一知识在我们的日常生活中有着重要的应用。动物

第 12 章　操作性条件反射

训练师可以利用这一知识，改变训练动物的强化方式来获得想要的结果，也许是改变他们给予奖励的时间或奖励的类型。例如，如果一只狗知道当它回应你的呼唤时，你肯定会给它一块奶酪，可能有一天它就会认为奶酪并没有它打算追赶的松鼠那样有趣；而如果它不确定回到你身边会得到什么样的奖励，它就可能更愿意去赌你会给它好玩的东西，而忘记追松鼠的事。

这种赌博心理也适用于人类。老虎机的工作原理与可变比例强化相同。通常情况下，赌徒什么也得不到，有时他们会中小奖，但偶尔他们会中大奖，而这种不确定性正是他们不断拉动杠杆的原因。

励；负向强化则可能是通过消除不愉快刺激来奖励某种行为，例如，当你起床并关掉闹钟时，恼人的铃声就会停止。

鸽子计划

在第二次世界大战期间，美国行为主义心理学家 B.F. 斯金纳主导了"鸽子"计划，即后来的"奥康"（Orcon，意思是"有机控制"）计划，该计划尝试利用鸽子为导弹制导。鸽子被放置在一个屏幕前，并被训练去啄屏幕上的目标点。每当它们啄到目标点时，它们就会得到一些食物。如果目标偏离了方向，目标点就会转移到屏幕的一侧，通过啄击它，鸽子可以把它送回屏幕中央，并获得奖励。这样做的目的是使导弹锁定目标，从而对目标进行毁灭性的打击。

最终，该计划被放弃了，因为电子制导系统在此期间变得更加精密先进。

第13章

社会心理学

社会心理学研究的是我们在社会中的角色如何影响我们的行为。它关注于我们的社会互动及其如何塑造我们,研究的主题包括影响我们服从群体行为可能性的因素、我们服从权威人物的原因,以及小团体和个人如何影响社会变革等。

个人的概念在西方社会中是根深蒂固的。不同于集体主义文化强调集体的重要性和个人对集体的贡献,在个人主义社会中,个人被认为有自己的目标和需求,并在行动中拥有自主权,这具有重要的文化意义。有趣的是,对社会心理学以及个人身份和自主权丧失的研究大多是在这些个人主义社会中进行的。

诺曼·特里普利特和社会促进

心理学家诺曼·特里普利特(Norman Triplett)在1898年的一项研究被广泛认为是社会心理学领域的第一项正式研究。他注意到,比起单纯地试图打破时间纪录,自行车手在与另一个自行车手比赛时,往往会取得更好的成绩。特里普利特在孩子们之间创造了一个竞争环境(让他们缠绕一段鱼线),然后把孩子们放在两种场景中的一种:1)独自完成任务;2)在执行相同任务的同伴旁边完成任务。那些与同伴竞争的孩子确实会表现得更好。

无畏的心理学

这就是所谓的"共同活动效应",是一个被称为"社会促进"的更大的研究领域的一部分。社会促进是指一个人在有他人在场的情况下,甚至只是在被暗示有他人在场的情况下,会在一项任务上投入更多的精力。如果你加入过健身或运动俱乐部,你肯定已经注意到了这种效应。

库尔特·勒温和现代社会心理学

在二战期间,许多格式塔心理学家从纳粹德国逃到美国。其中一位心理学家是库尔特·勒温(Kurt Lewin),他在很大

根据社会促进理论,相比与他人竞争的自行车手,单独骑行的自行车手更难达到个人最佳状态。例如,这张照片中的英国自行车手马克·卡文迪什(Mark Cavendish)正在环法自行车赛的第 17 赛段骑行,在这场比赛中,他实际上是在与许多没有出现在照片中的自行车手进行比赛。环法自行车赛的自行车手们以团队协作的形式骑行。这种策略有很多好处,其中之一就是和别人一起骑车可以帮助车手在正确的时间设定正确的速度。

程度上被认为是现代社会心理学研究的奠基人。勒温创造了"群体动力学"这一术语,来描述个人的行为是如何受到其所在群体的影响的。

这个时代的心理学家,比如勒温,在德国纳粹党崛起期间,亲身体会了群体对个人行为产生的深远影响。他们目睹了自己同胞的变化,这些人甚至有计划地试图消灭那些曾经是他们邻居和朋友的人。因此,20世纪初的社会心理学家会对研究群体对个人行为的影响感兴趣也就不足为奇了。

对群体动力学、从众和服从的研究都是为了回答这样一个问题:当我们受到群体或权威人物的影响时,我们的行为会如何变化。

在随后的几年里,社会心理学向许多方向进行了延伸。对我们所扮演的社会角色、人际关系和亲社会行为等主题的研究出现了。研究人员研究了社会运动是如何开始的,以及没有明显权威的少数人是如何影响多数人的行为的。

批评

社会心理学的研究存在挑战性。如果一个人被告知他正在被观察,以探究其是否会毫无疑问地遵从群体的意见或服从命令,被观察的人当然会努力去做相反的事情。因此,在对照条件下研究这些主题需要欺骗参与者,这就引发了对社会心理学研究中伦理问题的质疑。

对照实验通常是探究哪些因素会导致某种行为出现的唯一方法。这种实验具有很高的内部效度,这意味着研究人员可以非常确定,他们所改变的变量很可能是导致他们所观察到的行为出现的原因。

然而，与许多心理学研究一样，像这样的对照实验缺乏外部效度。它们可能无法准确地反映现实生活的状况，因此也不能准确地反映人们在现实生活中的行为。有些社会行为甚至可能无法在对照条件下进行研究，例如在抗议活动或大型节日期间可能发生的自发的群体从众事件。在现实生活中观察这些行为是另一种选择，但研究人员如何预测什么时候会出现引发人们从众或服从他人的情况呢？

尽管存在这些缺点，社会心理学的研究仍为我们了解社会以及我们在其中的角色如何影响我们的行为提供了有用的见解。它教会了我们如何利用我们的社会性倾向来鼓励亲社会行为；如何利用他人的影响来激励自己进步；也教会了我们哪些因素会导致有害的社会行为，例如即使我们私下觉得这样做是错误的，也要顺应群体或服从他人。这些研究发现和由此产生的理论可以帮助我们成为更好的个人，成为更好的社会成员。

第14章

从众

人类是社会性动物。我们生活在群体中,并在许多方面与他人相互依赖,作为超越我们个人的社会的一部分而生存。几千年来,我们一直生活在群体中,因此形成了一些心理倾向,以确保群体的凝聚力。其中之一就是,我们愿意服从群体的意愿,即使我们知道群体可能是不正确的,或者在做我们不同意的事情。

我们大多数人可能都愿意认为,我们在压力下不会顺从,我们意志坚定,会坚持自己的信念。然而,研究证据表明,情况往往并非如此。

社会影响

1932年,亚瑟·詹尼斯(Arthur Jenness)发表了他的研究结果,这项研究被认为是第一个关于从众的研究,名为"讨论在改变对某一事实的看法中的作用"。他想知道,无论群体规模大小,一群人之间的讨论是否会影响一个人对问题的回答。他要求每个参与者估计一个瓶子里有多少颗豆子,然后让参与者加入一个小组,讨论豆子的数量,并以小组为单位再次估计数量,最后每个参与者再单独估计豆子的数量。他发现,很少有人能抵抗住改变自己观点的冲动,以使自己的估计值更接近

规范性社会影响与信息性社会影响对比

规范性社会影响	信息性社会影响
动机是个体需要获得群体的认可	动机是个体需要对自己的信念有信心
个体认为他们受到了群体的监督,因此调整自己的行为以"适应"群体	如果个体很难找到信息,或者群体中有专家,那么个体就更可能接受这种影响
私下里,个体可能不赞同群体的信念,但他们在公开场合会表现出赞同	个体的信念在私下和公开场合都会发生改变
这种行为的变化不会无限期地持续下去	这种变化往往会持续一生

于小组的估计值,而且女性观点的平均变化比男性更大。

在早期的从众研究之后,试图解释这一现象的理论出现了。1955年,M. 多伊奇(M. Deutsch)和H.B. 杰勒德(H.B.Gerard)发现了人们从众的两个可能原因,这些原因与信念和动机有关。

社会影响理论

1958年,赫伯特·凯尔曼(Herbert Kelman)提出了他的有关社会影响理论的观点。与多伊奇和杰勒德的观点类似,他提出,从众取决于我们与群体的社会关系,以及我们维持这种关系的动机。根据这些因素,他提出了三种不同类型的从众。

- **服从:** 为了融入群体而接受群体的意愿。人们接受一个群体的影响,是因为他们认为如果他们这样做就会得到奖励,如果他们不这样做就会受到惩罚。任何行为上的改变通常都是暂时的，在群体压力消失时也就停止了。服从行为是公开表现出来的，私下的信念不会改变。
- **认同**：通过从众而成为群体的一员。人们接受一个群体的影响，是为了成为该群体的一部分。任何行为或信念的改变都是公开表现出来的，私下的信念不会改变。
- **内化**：真正地接受一个群体的信念。人们接受一个群体的影响，是因为它符合其自身的价值体系。他们的信念被真正地改变，以适应群体的信念。任何行为或信念的改变都是公开表现出来的，但与其他形式的从众不同，私下的信念也会发生改变。

这些理论表明，从众可能只是我们想随大流的结果，也许是为了过上轻松的生活或提高我们的社会地位，也许是我们真正认同群体并与群体成员拥有共同信念的结果。无论原因是什么，我们都会在生活中的某个时刻被社会影响。

群体压力对判断改变和扭曲的影响（Asch，1951）

所罗门·阿什（Solomon Asch）着手研究影响从众心理的因素。他告诉参与者，他们正在参加一项关于视觉的实验。参与者与一群真正的演员（被称为"同谋"）一起，被要求观察三条不同长度的线条，并确定哪一条与目标线条匹配。在几次测试中，每个人都说出了正确的答案，然后同谋都开始选择同一个错误的答案。这项任务很简单，参与者应该对自己的答案很有信心，所以他们给出错误答案一定是顺从小组其他成员想法的结果。令人欣慰的是，阿什发现没有参与者在测试中百分之百地从众，在最初的 50 名参与者中，有 13 人根本没有从众。然而，75% 的参与者至少有一次给出了错误的答案。从众率最高的参与者在 12 次测试中有 11 次从众。阿什随后重复了他的研究，每次都改变某些因素并衡量它们的影响。

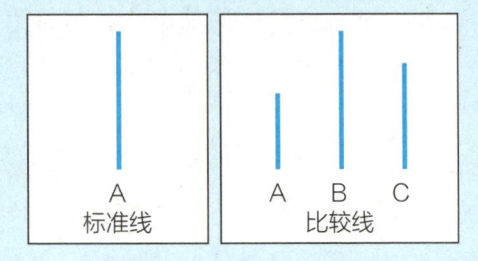

```
    A              A  B  C
  标准线            比较线
```

各因素对从众率的影响

因素	从众率及其说明
群体规模	只有一个同谋在场时，从众率为 3%；有两个同谋时，从众率为 14%；有三个同谋时，从众率达到 32%。群体规模的进一步扩大并没有提高从众率。在非常大的群体中，从众率实际上开始下降
支持者	如果一个同谋不同意其他人的观点，并给出了正确的答案，那么从众率就会下降 80%。所以这表明，有了他人支持时，我们就不那么容易从众
任务难度	阿什将比较线的长度变得更加接近，使任务更加困难，正确答案变得更加模糊。从众率因而会有所提高，这表明当我们怀疑自己的判断时，我们更有可能从众
隐私	当参与者可以私下回答时，从众率就会降低。这表明，当来自群体的压力较小时，参与者能够坚持自己的判断

第15章

少数人影响

我们顺应一个更大群体的行为，可能是为了维持现状或不引起人们对自己的注意。人们融入社会的欲望很强烈，因此多数派的人几乎不需要花费力气去鼓励其他人采纳他们的行为。但是，从众并不需要个人私下改变他们的观点或信念。而当少数人试图改变多数人的行为时，他们就必须努力赢得人心。他们不仅要改变人们的公开行为，还要改变其私人信念。这需要谨慎沟通和协调。

少数人的行为方式

当少数人试图影响多数人时，他们必须非常谨慎地提出自己的观点。塞尔日·莫斯科维奇（Serge Moscovici）等心理学家认为，影响少数人努力成效的行为有几个关键特征。

- **一致性**：少数人应该始终如一地陈述自己的观点，不要有偏差。因为如果少数人对自己的观点表现得毫不动摇的话，多数人将重新评估他们自己的信念。
- **信心**：少数人必须对自己的观点充满信心，坚信自己的立场是正确的，以便激发那些可能被他们的立场所征服的人的信心。

- **看似无偏见**：无偏见的观点意味着它基于推理而非主观情绪反应。

1969 年，莫斯科维奇研究了少数人观点的一致性对多数人观点的影响。在他的研究中，每组有四名参与者与两名同谋一起进行实验。研究人员向他们展示了不同深浅的蓝色幻灯片，并要求他们说出幻灯片的颜色。在一组中，两名同谋一致表示幻灯片实际上是绿色的；在另一组中，同谋在三分之二的时间里会不一致地表示幻灯片是绿色的，而在其余时间里则表示是蓝色的；在对照组中，实验没有同谋参与，参与者们都能正确地指出幻灯片是蓝色的。

莫斯科维奇发现，观点不一致的少数人对多数人的影响很小；但面对观点一致的少数人时，多数人会受到影响，在 8% 的时间里会将蓝色的幻灯片指认为绿色。

支持妇女选举权运动的示威者们所传递的信息是一致的。

第 15 章 少数人影响

影响社会变革

对少数人来说，要实现社会变革，他们必须经历几个阶段，这些阶段已经被莫斯科维奇等研究人员所认识到。少数人必须先引起人们对当前问题的关注，并在多数人目前的认知和少数人希望他们接受的认知之间制造所谓的"认知冲突"。这可以通过抗议和运动来实现，在抗议中要明确强调少数人当前的社会地位和少数人希望实现的目标。

然后，少数人必须在立场上保持一致，以证明他们相信自己的观点是正确的。例如，妇女选举权运动通过请愿、抗议和广告引起人们对该问题的关注，这场运动始于 19 世纪初，直到 1928 年 7 月 2 日英国所有 21 岁以上的女性都获得了选举权才结束。这些年来，她们所传递的信息始终如一。

为了证明他们对自己事业的奉献，提高人们的认识，一些少数群体的成员甚至会将自己置于危险境地或使自己遭受巨大痛苦。这被称为"增强原则"。最著名的例子包括甘地以绝食作为一种消极抵抗的形式，妇女参政论者冒着被监禁的风险为妇女争取选举权，以

少数人会试图通过冒险行为来证明他们对自己事业的奉献，提高人们的认识。在图中，"父权正义"组织的两名抗议者占据了唐宁街一栋建筑的外墙。

及最近的一些团体，如"父权正义"（Fathers 4 Justice）穿上特殊服装，攀登高楼，以提高人们对父权的认识。

然而，所有少数群体都面临一个障碍，那就是人类往往不希望被视为与众不同者。我们天生就希望被接受，如果少数人的观念与现状偏离太远，就有可能被贴上离经叛道的标签。如果其行为是非法的或给他人造成了不便，这种风险就会增加。例如，环保组织"绿色和平"受到的批评有时会对其努力造成干扰。一次，他们抗议大众汽车成为2020年欧洲杯足球锦标赛的赞助商，一名抗议者在慕尼黑足球场上试图扰乱比赛时，他的电动滑翔伞突然失去控制，最终导致两人受伤。

第16章

服从

二战结束后,人们对集中营中的暴行是如何发生的提出了很多猜测。在对阿道夫·艾希曼(Adolf Eichmann)进行审判后,人们对德国士兵和官员们"只是服从命令"的说法提出了质疑。艾希曼是策划搜捕被判刑者并将其运送至集中营的关键人物。但在审判期间,他声称:"我身不由己,我只是奉命行事,我与那些事毫无关系。"

阿道夫·艾希曼因在提高集中营运作效率方面的所作所为,于1962年被处决,但他坚称自己只是在执行命令,这让人们感到震惊。艾希曼曾接受过6位精神科医生的检查,结果显示他是理智和"正常"的,那么他怎么会如此冷漠?为了找出问题的答案,一位名叫斯坦利·米尔格拉姆(Stanley Milgram,1933—1984)的心理学家开始测试普通人在服从权威人物发布的命令时,到底会做出什么行为。他的发现震惊了公众。

服从权威

服从是社会影响的一种形式,但它与从众不同,是指一个人的行为是对另一个人的直接命令的回应。一般假设如果没有这样的命令,这个人就不会采取这样的行动。它涉及权力或地

服从的行为研究（Milgram，1963）

1963 年，在耶鲁大学的一个实验室里，斯坦利·米尔格拉姆进行了一项后来被人所诟病的关于服从权威的研究。他在当地报纸上刊登了一则广告，招募了 40 名 20 至 50 岁的男性参与者。

- 参与者被告知，他们正在参加一项关于学习的研究。他们被介绍认识了"华莱士先生"（实际上是与米尔格拉姆一起工作的研究人员）。华莱士先生和参与者抽签决定谁是"老师"，谁是"学习者"，但这其实是为了让华莱士先生成为"学习者"而设置的程序。

- 华莱士先生走进另一个房间，研究人员向参与者展示了设备。参与者被告知，华莱士先生将被问到一系列问题，如果他回答错误，参与者需要对他施以电击。参与者会先被施以 45 伏的电击，以证明该设备是真的，尽管它其实并不是，而且这也是在研究过程中该设备发出的唯一一次电击。参与者被告知，华莱士先生每答错一次，就要受到比上次高 15 伏的电击。研究人员用预先设定的提示语来鼓励参与者实施电击，如"请继续"和"我对发生的事情负责"等。

过程中，华莱士先生发出了各种事先计划好的声音，如痛苦的哼哼声。在较高的电压下，他会说"研究人员，让我离开这里"之类的话。在315伏时，他会发出一声惨叫，然后从330伏开始他就沉默了。直到电击达到450伏或参与者退出研究时，研究才算结束了。

虽然这项研究好像对参与者来说很痛苦，但所有人都按照程序听了情况汇报，并再次见到了"学习者"，以确定他身体状况良好。

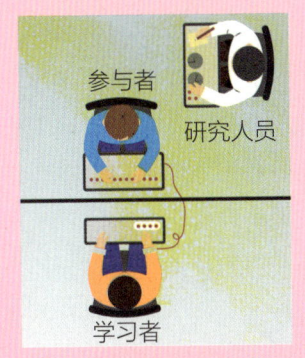

实验示意图

米尔格拉姆发现，所有的参与者都将电压提升到了300伏，但有五人（12.5%）在电压达到这一水平之后拒绝继续，而有65%的参与者继续让电压达到了450伏的最高水平。

米尔格拉姆还对参与者的行为进行了定性观察和记录。大多数参与者都相信情况是真实的，华莱士先生受到了电击。许多参与者出现了紧张的反应，如出汗、颤抖、结巴、咬嘴唇、呻吟、将指甲抠进肉里等。还有三名参与者癫痫发作，一名参与者剧烈抽搐，实验不得不因此停止。

米尔格拉姆的结论是，有几个因素会导致高度的服从：

1. 著名的实验场所（耶鲁大学）。
2. 身穿白大褂（专业人员的象征）的研究人员。
3. "学习者"在一个单独的房间里（起到缓冲作用）。
4. 研究人员在场，并使用提示语进行鼓励。

位的等级制度，即权威人物指挥从属于他的人。而从众则是来自群体的社会压力的结果。

米尔格拉姆发现，在他的研究中，大多数参与者都会服从权威人物（一个穿着白大褂的研究人员）的指示，电击另一个他们看不到的人，直到那个人抱怨、尖叫，然后变得完全沉默。只需要一个正式的场景、一个看起来专业的人，以及一个在另一个房间里的受害者，一个普通人就能做出其可能永远不会做的行为。

米尔格拉姆改变了研究的条件，发现如果权威人物被移除，或者实验场所不那么有名，又或者将参与者与受害者放在同一个房间里，那么服从的情况就会减少。因此，米尔格拉姆不仅证明了人们会服从他们认为不道德的命令，还找出了影响人们是否会响应这些命令的因素。

1981年，比布·拉坦内（Bibb Latané，生于1937年）提出了一些规律，他认为这些规律可以解释米尔格拉姆等研究人员的发现。他提出了一个理论来解释为什么人们在某些情况下会服从，而在其他情况下则不会。

影响服从的因素

首先，拉坦内提出，服从取决于社会力量，包括你认为给你下命令的人所具有的力量，命令是否即时发出（例如，是面对面地要求你，还是一段时间前发出命令），以及下达命令的人数等。

其次，他提出了一条社会心理规律，即增加权威人物的数量并不会相应提升命令的影响。例如，如果你不服从一个权威人物的要求，可能会相当尴尬；但如果在这种情况下增加权威人物，情况并不会变得更尴尬。有时，权威人物越少，服从效率反而越高。

最后，他认为影响是会分散的，也被称为"责任扩散"，如果有许多人收到了命令，那么命令的影响就会降低。每个人都会感到遵守命令的社会责任有所减少。米尔格拉姆确实发现，当参与者身边有一个不服从命令的同伴时，服从程度就会下降。

第17章

社会角色

作为人类社会的一员，我们都以这样或那样的形式扮演着社会角色。教师、父母、创作者——我们认同对这些角色的期望，并下意识地将其作为我们自己的角色。1973年，菲利普·津巴多（Philip Zimbardo，生于1933年）进行了为人诟病的斯坦福监狱研究，来证明这一效应。这项研究中断了，在方法上也有很多缺陷，但它仍然是一个说明我们扮演的社会角色如何影响我们的行为的生动案例。

斯坦福监狱研究

作为斯坦福大学海军研究办公室正在进行的一个更大项目的一部分，津巴多和他的同事们试图在他们所谓的"全控机构"中，比如监狱，研究攻击性背后的心理机制。他们模拟了一所监狱的环境，招募了22名白人男性参与者，这些参与者都是互不相识的大学生。参与者被随机分配了"囚犯"或"看守"的角色，这两种角色之间的关系是通过一些手段来确定的，如穿着"看守"或"囚犯"的制服，给"囚犯"分配号码来使他们非人格化等。

津巴多和他的同事们发现，参与者很快就会表现出他们认为与自己的角色相匹配的特征。"囚犯"变得温顺，而"看守"

则变得具有攻击性。参与者的极端心理反应使得这项本应持续两周以上的研究,在仅进行了六天后就不得不停止。

对斯坦福监狱研究的批评

津巴多的研究受到的一种批评是,参与者完全清楚自己参与了怎样的研究,他们的行为很可能是为了迎合研究人员的预期。然而,在研究结束后的采访中,"囚犯"和"看守"都表示,他们对自己之前的行为感到惊讶。

尽管研究方法存在缺陷,但津巴多的研究鼓励人们进一步讨论并认识到社会角色对我们行为的影响,以及人们可能会遵循与某些社会角色相关的刻板印象。不管监狱看守和囚犯在现实中的行为是否像参与者在这项研究中所表现的那样,事实是,参与者认为这就是扮演这些角色的人的行为方式,他们的做法也确实迎合了这种期望。

2015年关于津巴多研究的纪录片《斯坦福监狱实验》的剧照,其上展示了一名"看守"和数名"囚犯"。这个纪录片的名字是不恰当的,因为这项研究并非传统的实验,而是对照观察。

去个体化

对这种行为的一种解释是去个体化。1895年,古斯塔夫·勒庞（Gustave Le Bon, 1841—1931）首次提出了这一概念,我们也会在后面详述相关内容。津巴多用这一概念来解释他的观察结果。研究中的"看守"们失去了个人身份和个人责任,这意味着他们的行为方式可能会与正常情况不同。

津巴多还提出了"习得性无助"在这类情况下的影响,特别是在涉及"囚犯"和他们对权威的明显服从时。习得性无助是指一个人反复面临压力性或创伤性经历,并且觉得自己无力阻止其发生,于是开始将其当作现实接受。

模拟监狱中的"囚犯"和"看守"研究（Zimbardo et al., 1973）

津巴多和他的同事们通过报纸广告招募了22名白人男性大学生。他们互不相识。参与者被随机分配为两个角色之一:"囚犯"或"看守"。

"囚犯"被告知他们将失去隐私权,但会被给予基本的权利,比如获得充足的食物。他们被要求穿着宽松的罩衫,不准穿内衣,一只脚踝上要戴着锁链,并戴上帽子以遮住头发。他们每人还得到了一个表示身份的号码。

"看守"穿着卡其色衬衫和裤子,戴着反光太阳镜,手持警棍。他们每8小时轮一次班,轮班结束后可以离开模拟监狱。

在一个星期天,"囚犯"们从家中被警车带走。他们被收录指纹，蒙上眼睛，以模拟成为囚犯的情境。他们在模拟监狱里还会被搜身、剥光衣服和除虱。在研究期间，"囚犯"被要求留在模拟监狱里，并遵守严格的工作、休息、如厕和吃饭的时间安排。

研究原计划进行两周以上，但不得不在六天后停止。津巴多和他的同事们总结了他们观察到的监狱环境对每一组人的影响。

"囚犯"——病理性囚犯综合征：

- 怀疑，继而反抗。
- 报告了一系列负面情绪和行为，包括情绪低落。
- 被动，一些"囚犯"非常听话。
- 依赖"看守"，例如在没有直接指令的情况下很少自发活动。
- 一半的"囚犯"哭泣、暴怒，出现了抑郁和严重焦虑的迹象，不得不被提前释放。
- 研究提前结束时感到放松。

"看守"——拥有权力后的病态：

- 许多人似乎很享受拥有权力的感觉和管理"囚犯"的过程。
- 开始将"囚犯"的正常的权利重新定义为特权，比如如厕。
- 在没有正当理由的情况下惩罚和辱骂"囚犯"。
- 一些"看守"在没有加班费的情况下，自愿加班。
- 他们即使在认为自己没有被观察时，仍会专制行事。
- 研究提前结束时感到失望。

第18章

群体思维

哲学家弗里德里希·尼采（Friedrich Nietzsche）说过，疯狂对个人来说是例外，但对群体来说是常态。虽然个体可以作出理性的决定，但当其成为群体的一员时，这种能力就会受到额外的社会压力的阻碍。群体的成员会觉得自己必须审查、删改那些可能引起群体争议的合理意见，或者由于等级制度而不得不服从群体中其他成员的意见。虽然群体可以从共享知识、经验和协作中获益，但也可能陷入群体思维，这可能会导致非理性决策，甚至灾难。

欧文·L. 贾尼斯

20世纪70年代，欧文·L. 贾尼斯（Irving L. Janis，1918—1990）首次使用了"群体思维"一词。他将群体思维描述为一种思维模式，即当人们处于一个高度团结的群体中时，他们对一致性和"融入"的需求压倒了他们自己理性、如实地评估情况的能力。

20世纪40年代，格式塔心理学家库尔特·勒温也研究了群体决策及其困境，并研究了群体的凝聚力和从众性。他发现，当一个群体面临高度的外部压力时，例如在战斗中面对受伤或死亡的威胁时（或在我们后续会讨论的航天飞机发射过程中），高度从众的可能性更大。

贾尼斯提出了群体思维的 8 个特征。

- **无懈可击的错觉**：群体对自己过于自信和乐观。这可能导致其承担个体成员不会承担的风险。
- **集体合理化**：为正在作出的决定，或为其他人可能不同意某些决定提供合理的理由。通过这种方式，反对群体意见的论点就可以被搪塞过去。
- **对群体内在道德的信仰**：群体相信其道德立场是正确的，这会导致其忽略任何道德上对其决定的反对意见。
- **对外群体抱有刻板印象**：外群体是指由不同意本群体意见的人所组成的其他群体，人们对外群体抱有刻板印象会使他们有可能忽略外群体的意见。也许外群体的人会被认为是无知或懒惰的。这使得人们更容易忽略外群体的反对意见。
- **直接向反对者施压**：如果有人质疑群体的决定，群体就会让其觉得自己是个叛徒，并提醒其如果愿意可以离开这个群体。
- **自我审查**：群体成员选择不公开反对群体决策，因为他们害怕被排斥，或者相信群体最清楚该怎么做。
- **一致同意的错觉**：缺乏分歧会被视作决策良好的证据。
- **自我任命的思想卫士**：群体成员扮演了审查员的角色，积极压制与群体决策相悖的信息或想法。

有人认为,有几种情况会使群体更容易落入群体思维的陷阱。例如，当群体成员有强烈的认同感时，当他们有一个有魅力的领导者时，当他们对手头的任务知之甚少，或认为其他成员比自己有更多的专业知识时，以及当群体处于巨大的压力之下时。

挑战者号灾难：群体思维的一个例子

在 1986 年 1 月 28 日的上午，一个群体思维的诸多促成因素共同发挥作用的著名事件发生了。这天上午，克里斯塔·麦考利夫（Christa McAuliffe）登上了挑战者号航天飞机。

这位 36 岁的两个孩子的母亲从 1.1 万名申请者中脱颖而出，成为美国国家航空航天局（NASA）将送往太空的首位普通人。她的热忱和激情使她成为 NASA "太空教师"计划的最佳人选。这重新点燃了美国公众对太空计划的兴趣，数百万人观看了她的宇航员训练，听她激情洋溢地谈论太空和教育。

这将是挑战者号的第 10 次发射，旨在展示太空飞行已成为常规。NASA 希望它能重振陷入困境的航天飞机计划，该计划从一开始就被高成本和政治干预所困扰。对 NASA 来说，这次发射的成功与否事关重大。

上午 11 点 38 分，当这架航天飞机从佛罗里达州肯尼迪航天中心发射升空时，全世界的目光都集中在它身上。73 秒后，数百万成年人和学生在电视上看到了航天飞机在飞行途中爆炸解体。当航天飞机的残骸坠入大西洋时，惊恐的美国公众得知 7 名宇航员已全部遇难。

对许多人来说，这虽是一场可怕的悲剧，却也是太空飞行不可避免的风险。但在接下来的几个月里，人们发现，这起事故很明显是可以避免的，也是应该避免的。

时任美国总统里根下令成立一个特别委员会调查坠机的原因。经过 4 个多月的证词和证据收集，委员会发现火箭助推器两个部分之间连接处的密封件出现故障，导致高温气体逸出，引起火箭爆炸。调查发现，NASA 在发射前就得知了这一问题，但因为决策方法存在缺陷，而使得发射得以继续。

第 18 章 群体思维

克里斯塔·麦考利夫和她的替补芭芭拉·摩根（Barbara Morgan），她们都是"太空教师"计划的参与者。2007 年 8 月，摩根乘坐奋进号航天飞机（STS-118）成功前往太空。

社会心理学家欧文·贾尼斯对一群高素质的专家如何作出如此糟糕的决定很感兴趣。他相信，错误决策并不局限于太空计划，在其他悲剧中也可以发现同样的错误决策模式。

他对白宫的决策特别感兴趣。在他 1972 年的经典研究"群体思维的受害者：关于外交政策决策和失败的心理学研究"中，贾尼斯着重研究了他所关注的群体动力学是否存在于美国近期的一些政治和军事灾难中，比如罗斯福在日军偷袭珍珠港前的自大，杜鲁门下令入侵朝鲜，肯尼迪在猪湾事件中的惨败，尼克松的水门事件和里根对伊朗门丑闻的掩盖等。贾尼斯并不认为这些总统、他们的顾问或 NASA 的首席执行官是愚蠢、懒惰或邪恶的，而认为他们是群体思维的受害者。

群体思维理论有几个方面可以应用于挑战者号灾难。

无畏的心理学

挑战者号航天飞机在美国卡纳维拉尔角海岸附近爆炸,现在人们知道这是一场本可以避免的悲剧。

- **强烈的群体认同感**:挑战者号团队曾一起执行过许多任务。
- **相信专家知识**:虽然 NASA 的工程师建议推迟发射,但他们被排除在核心决策小组之外。对群体专家知识的过度信任可能会导致成员不再对此进一步争论。
- **压力的影响**:由于天气恶劣,挑战者号航天飞机的发射已经推迟。全世界都在等待克里斯塔·麦考利夫的历史性太空飞行,来自政客和世界媒体的压力,要求挑战者号尽快发射。
- **无懈可击的错觉**:NASA 从未经历过致命的航天飞机灾难,而且在 1970 年阿波罗 13 号宇航员获救后,NASA 信心倍增。当工程师指出航天飞机有部件存在缺陷时,NASA 的态度是,每一次航天任务都是这样的。尽管其他火箭的部件也有缺陷，但那些任务还是成功了。
- **对群体内在道德的信仰**：20 世纪 60 年代的太空竞赛中，美国致力于在相关领域击败社会主义阵营，而 NASA 正处于这一道德追求的最前沿。在群体思维的影响下，NASA 的工程师们继续追求这一道德目标，并改变规则以适应总体目标。

对许多美国人来说，挑战者号灾难标志着他们对太空热爱的结束。7 名宇航员的死亡震惊了整个国家，克里斯塔·麦考利夫的死尤其令人震惊，因为在火箭发射前的几个月里，人们就已经十分了解她了。对群体思维影响的了解不仅可以解释为什么像这样本可以避免的悲剧会发生，还可以帮助我们制定策略，以避免这种悲剧再次发生。

第19章

旁观者效应

如果你看到一个需要帮助的人,你会走开吗?我们大多数人都倾向于认为自己不会走开,但研究表明情况并非如此。群居生活意味着我们有时会倾向于将责任推给周围的人。当我们看到有人明显需要帮助的时候,我们会充当沉默的旁观者,却不采取行动。这被称为"旁观者效应"。

凯蒂·吉诺维斯案

臭名昭著的凯蒂·吉诺维斯(Kitty Genovese)案引发了对该效应的研究。1964年3月的一个凌晨,凯蒂在她的公寓外被人残忍地刺伤。她的尖叫声被一位邻居听到,这位邻居对袭击者大喊"放了那个女孩",袭击者逃跑后,凯蒂得以爬到她公寓的后面。但是袭击者返回并再次袭击了她,抢走她身上的钱后,丢下她等死。在被一位邻居发现后,凯蒂在送医途中死亡。

《纽约时报》之后发表了一篇题为《37人目击谋杀却无人

凯蒂·吉诺维斯的谋杀案引发了对"旁观者效应"的研究。

行善：一种地下现象？（Piliavin，Rodin，and Piliavin，1969）

皮里亚文（Piliavin）、罗丹（Rodin）等的研究旨在查明一个人求助的表面原因是否会影响旁观者的帮助意愿。

他们在纽约地铁上进行了研究，以确保研究尽可能真实。他们总共观察了4450名在工作日午餐时间乘坐某条地铁线的男性和女性。他们特意挑选了两班地铁，因为这两班地铁在行驶中会有七分半钟的时间不停靠，这让他们有充足的时间来进行研究。

在研究过程中，四名研究人员从不同的门登上了地铁。其中三人负责观察，而一名男性研究人员则扮演需要帮助的人。

该研究人员站在地铁车厢的中央，当地铁通过第一站时，他会向前倾斜并倒下。他会伪装成两种状态中的一种：

- "醉酒"状态——身上满是酒气，拿着一个棕色袋子，里面包着一瓶酒。
- "拐杖"状态——看起来没醉，手里拿着一根拐杖。

研究人员发现，在这个真实的场景中，人们伸出援手的比例相对较高。然而，是否提供帮助受到了旁观者对该研究人员需要帮助的原因的看法的影响。

> 在 65 次试验中,"拐杖"状态的研究人员有 62 次得到了帮助;而"醉酒"状态的研究人员在 38 次试验中只有 19 次得到了帮助。有趣的是,在 60% 有旁观者提供帮助的试验中,不止一个人挺身而出。

报警》的报道,声称许多人都知道凯蒂正遭到袭击,却没有人采取行动帮助她,这引发了民众的强烈反响。这一说法后来被推翻了,现在人们知道,事实上当时只有两个邻居知道凯蒂被袭击了而没有采取行动帮助她,其中一个说:"我不想被牵扯进去。"

尽管当时媒体哗众取宠的报道受到了批评,但对我们许多人来说,有人知道邻居受到袭击而不去施以援手这件事,仍然是令人震惊的。我们不相信我们会以这样的方式行事。然而,这种现象已经出现了一次又一次。心理学家们长期以来一直在努力探索我们可能这样做的原因。

旁观者冷漠

1970 年,心理学家比布·拉坦内和约翰·达利(John Darley,1938—2018)提出了一个决策模型来解释旁观者冷漠现象。他们表示,当有其他人在身边时,个人往往会感觉自己的责任更小。我们的责任被分担了,我们觉得好像别人会或应该代替我们去提供帮助。这被称为"责任扩散"。我们还会受到一种心理学家称为"评价忧虑"的心态的影响。这是一种害怕被别人评价的心理，我们担心我们对当前问题的评估也许是错误的。我们也会受到"人众无知"现象的影响，即如果当前有人需要我们的帮助，那么为什么其他人没有提供帮助？也许那个人根本就不需要或不想要别人帮助。

该模型出自拉坦内和达利在1968年进行的一项研究。在这项研究中，男学生被单独安排在一个房间里。他们需要通过麦克风与同样在单独房间的其他学生一起进行讨论，但实际上其他学生的声音都只是录音。讨论的内容是在高压环境下学习。在讨论过程中，其中一名假装的学生会突然"癫痫发作"，拉坦内和达利则会观察真正的学生要等多久才去寻求帮助。他们发现，研究假装出的讨论群体越大，真正的学生寻求帮助之前等待的时间就越长。这表明，旁观者群体的规模大小对我们是否会向需要帮助的人提供援助有重要影响。

在另一项研究中，他们还发现，其他群体成员的反应也产生了影响。当参与者发现自己身处一个充满烟雾的房间时，如有其他人在场且没有反应，他们报告有烟雾的可能性（10%报告了烟雾）比他们独处时（75%报告了烟雾）要低。拉坦内和达利的结论是，看到其他人保持被动，参与者就会认为烟雾没有危险。

第 20 章

生物学取向

1834 年，在德国莱比锡，一位名叫恩斯特·韦伯（Ernst Weber，1795—1878）的德国解剖学家正在进行关于感觉的实验。韦伯让受试者拿着两个砝码，然后逐渐增加其中一个砝码的重量，直到受试者注意到哪个砝码更重为止。从这些研究中，他提出了韦伯定律，该定律指出，一个刺激（如重量）的变化值必须与原始值达到一个恒定的比例，才能让人注意到变化。

英国心理学家爱德华·铁钦纳后来声称，这些研究是"实验心理学的基石"。这些研究影响了莱比锡大学的一位学者，他就是后来被誉为实验心理学之父的威廉·冯特，我们在第 1 章就已经对他进行了介绍。韦伯将他的生理学研究与知觉研究联系起来，对生物学与心理学之间的关系进行了最早的一系列研究。

如今，现代生物心理学涉及了许多不同的生物学取向，包含了进化、遗传和大脑结构的影响等主题的研究和理论。这些理论的共同之处在于，它们都假设我们的行为是有生物学原因的。

进化心理学

进化心理学认为，我们的行为都是为了进化，以适应当前环境。这里所说的环境并不是指一个特定的环境或地点，而是指给一个物种带来进化压力的一系列特定环境。人们普遍认为，我们在进化过程中的大部分时间都生活在一个与我们现在所处的环境完全不同的环境中。我们可能会生活在较小的社群中，把大部分时间花在狩猎、采集食物和资源上，而我们的身体和心理反应会进化得适应这种生活方式。

这种观点有助于解释我们对现代压力源的不良反应，因为我们不能用"或战或逃"反应来处理现代压力源（见第41章）；也有助于解释我们的智力是如何进化的（见第34章）；还有助于解释我们许多积极行为的目的，如行善和利他。

如果我们行为的目的着重于确保我们基因的生存，那么确保在基因上与我们最亲近的亲属的安全并让他们得到照顾就合乎情理。人们会以基因上亲近的人的福祉为先，但这可能受到其所在社群发展程度的影响，这就解释了那些看似无私的善良行为的产生。

批评

有些人认为这种关于人类行为的决定论的观点令人苦恼。我们之所以善良，只是因为这样做在进化上是有利的吗？所有塑造自我的东西真的都只存在于我们的基因里吗？也有人认为，这种观点忽视了其他可能影响行为的因素，如我们的环境和个体心理差异等。

尽管有很多疑虑，心理学中的生物学取向在现实生活中仍有多种应用，增进了人类的福祉。例如，我们利用神经传递的知识，已经开发出药物疗法来治疗抑郁症和焦虑症等精神障碍；神经外科手术已经能有效治疗癫痫等疾病；脑部扫描技术的进步甚至使我们能够与完全瘫痪的患者交流。

菲尼亚斯·盖奇病例（1848）

1848年，美国铁路建筑工头菲尼亚斯·盖奇（Phineas Gage）在一场可怕的事故中幸存下来。一根109厘米长的铁棍从他的下巴贯穿到了头顶，他的大脑额叶受损，但他活了下来。然而，报告显示，他额叶的损伤改变了他以前的冷静性格和行为，他变得脾气相当暴躁和喜怒无常。

这一事件预示着我们对大脑和行为之间的联系，以及构成我们大脑的各个结构如何与特定的行为、人格特征和机能相联系的理解向前迈出了一大步。这也就是现在所称的"机能定位"。

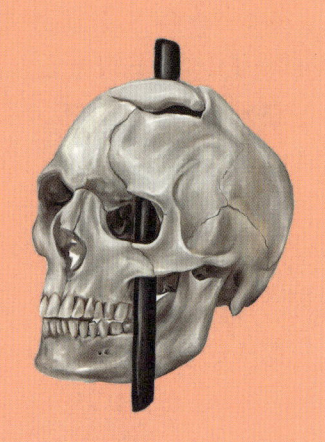

第 21 章

大脑的机能定位

大约2400年前,古希腊医师希波克拉底(Hippocrates,约公元前460年—公元前370年)首次提出大脑主宰思维和意识。在此之前,哲学家们认为心脏主宰头脑。如今,当涉及情感问题时,人们仍然会说"听从你的内心"。

最早提到大脑的文献可以追溯到公元前17世纪的一份古埃及文献《艾德温·史密斯纸草文稿》,这份以1862年将其买下的美国古董商的名字命名的文稿描述了大脑的结构,如脑膜和脑液,还记录了几种形式的脑损伤及相关并发症,如颅骨骨折导致患者无法说话。这些事实表明,我们几千年前就知道我们的大脑和行为之间存在联系。然而,直到最近,我们才能够在保证患者存活的情况下研究活体大脑。随着技术的进步,我们越来越多地了解了大脑的有形物质和大脑的无形特质之间的联系,而这些无形特质塑造了我们的自我。

大脑是一个由许多不同的组织构成的器官,包括最外层覆盖和保护大脑的结缔组织(称为脑膜),以及最内层的核团(神经核团),如负责运动控制的基底神经节。但我们这里将更详细地讨论的,也是最常被认为是"大脑"的部分是由灰质和白质构成的大的、块状的、类似菜花的器官。

灰质和白质

大脑的灰质由神经元胞体组成。我们将在第 23 章中更详细地讨论神经元。大脑的大部分处理活动就发生在灰质部分。

大脑的白质位于灰质下方,朝向大脑中心,主要由轴突构成,轴突专门用于将电信号(脉冲)从大脑传递到脊髓。

大脑的结构

大脑可以从外到内分成几部分,每部分都与不同的机能相关。皮质(cortex)在拉丁语中的意思是"树皮",就像树干外面的树皮一样,大脑皮质是脑组织的最外层。尽管它只有几毫米厚,但它布满褶皱,实际上表面积很大,而且重量占了大脑重量的一半左右。大脑皮质与大脑内部运作的其他结构建立联系,我们的思维、感知和自主运动也多数在这里进行组织协调。

小脑是位于大脑后部的大型球状结构。小脑与我们的自主运动有关,接受大脑关于我们想做什么的指令,并与脊髓中标定我们的位置和有关平衡的信息协调。这确保了我们拿起一杯茶所需的所有微小的肌肉调节可以在我们无意识的情况下进行。

基底神经节位于大脑的底部(因此被称为"基底"),也参与运动和协调,并与大脑的其他区域形成联系。

脑干是大脑通过脊髓与其他神经系统相连的地方,脊髓通过延髓与脑干相连。脑干除了起到连接身体其他部分的作用,还具有其他关键功能。例如,延髓在调节心率等方面发挥着重要作用。脑干的一部分被称为脑桥,掌管触觉、痛觉和吞咽等机能。

最后,脑干的最上部,即中脑是掌管眼球运动、视觉

第 21 章 大脑的机能定位

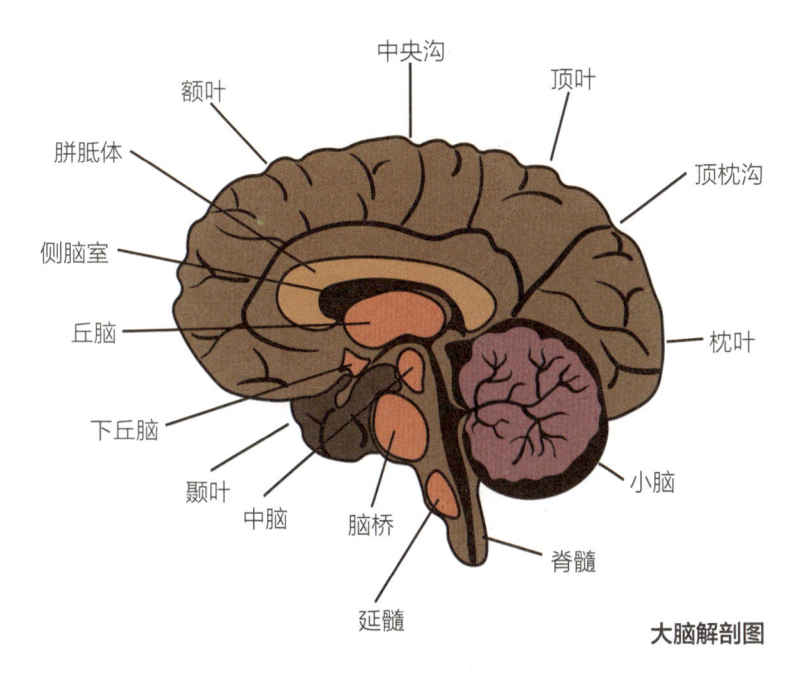

大脑解剖图

标注：中央沟、顶叶、额叶、顶枕沟、胼胝体、侧脑室、丘脑、枕叶、下丘脑、颞叶、中脑、脑桥、小脑、脊髓、延髓

和听觉等机能的部分。中脑的一个叫作黑质的区域（实际上也是基底神经节的一部分）的退化与帕金森病患者身上出现的运动控制问题有关。可见，大脑的这些区域在我们的运动和协调中发挥了重要作用。

脑叶

大脑分为两个半球——左半球和右半球，每个半球又分为四个脑叶，由大脑皮质中被称为脑沟的大凹槽隔开。每个脑叶都与不同的机能相关。然而，它们中有许多区域是重叠的，很难分清，因此通常会对各部分机能进行简化，以便对每部分进行总体概述。

例如，额叶与认知、学习、决策和规划有关。正是因此，20 世纪中期许多精神疾病患者接受了额叶切除术，以使他们更加温和。随着时代进步,这种手术开始被视为不道德的做法,到了 20 世纪 70 年代,大多数国家都禁止了这种手术。

胼胝体

大脑的两个半球由一条被称为胼胝体的厚神经束连接,神经信号通过胼胝体从大脑的一个半球传递到另一个半球。20 世纪 40 年代,在对重度癫痫患者进行手术治疗后,人们明确了这种连接有多么重要。该手术通过切断胼胝体来"分割"患者的大脑,以减少癫痫从大脑一侧扩散到另一侧的可能性。

虽然这项手术确实缓解了癫痫病情,但由于大脑两侧不再能够有效沟通,因此产生了一些意想不到的副作用。特别是一位名叫"W.J."的患者,他参加了一项由心理学家罗杰·W.斯佩里(Roger W.Sperry,1913—1994)进行的研究,在这项研究中,斯佩里向他展示了刺激物(方框或圆圈的图像),并要求他说出每次看到的东西。斯佩里让 W.J. 盯着屏幕中间的一个点,然后让图像闪过 W.J. 的左视野或右视野。

斯佩里知道,每侧视野都是由对侧大脑半球处理的,所以右视野由大脑左半球处理,反之,左视野由大脑右半球处理。斯佩里发现,W.J. 对左半球处理的刺激反应正常,能够口述自己所看到的东西。然而,当刺激物出现在由右半球处理的视野时,W.J. 说他什么也看不见。斯佩里随后要求 W.J. 在每次看到图像时都用手指指出。在这个实验场景中,W.J. 可以用右手指向呈现在他左半球所处理视野的图像,用左手指向呈现在他右半球所处理视野的图像。因此,这项研究表明,大脑的每个半球都可以处理我们看到的东西,并通过机械方式(如用手指指出)对其做出反应,但只有左半球可以让我们谈论它。

第 21 章　大脑的机能定位

现实不一定像听起来那么糟糕。有一些年轻的癫痫患者接受了大脑半球切除术——切除了一半的大脑，虽然他们失去了视力，无法再使用与切除的大脑半球相反一侧的手臂，但他们的生活在其他方面完全正常，甚至在没有癫痫发作的情况下学业有所进步。大脑一次又一次地告诉我们，机能的定位是极其复杂的，大脑的适应能力总是让我们感到惊讶。

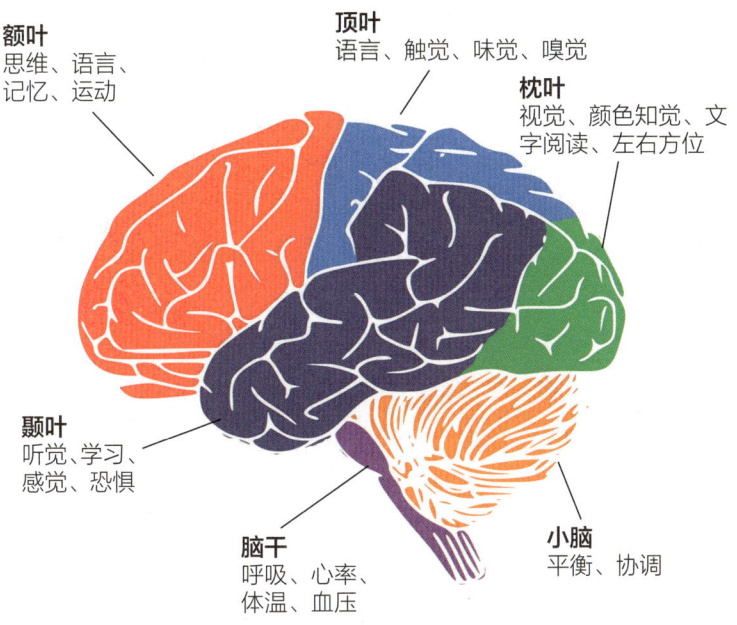

额叶
思维、语言、记忆、运动

顶叶
语言、触觉、味觉、嗅觉

枕叶
视觉、颜色知觉、文字阅读、左右方位

颞叶
听觉、学习、感觉、恐惧

脑干
呼吸、心率、体温、血压

小脑
平衡、协调

大脑由左、右两个半球组成，每个半球又分成四个脑叶。

第22章

脑部扫描技术

人类对大脑和大脑外科手术的研究由来已久。科学家发现颅骨钻孔（在颅骨上钻一个孔以露出大脑）最早可以追溯到石器时代，据说这是最早的神经外科手术。这种手术至今仍在进行，现在更普遍地被称为"开颅术"，并且只有在对大脑进行了更精密的成像之后才会实施。相关技术的出现代表着人类在此领域的巨大进步。

在人类历史的大部分时间里，我们只能观察死者大脑的内部结构，研究活人大脑是不可能的。如今，我们对大脑的理解已经取得了长足的进步，并且在大多数情况下，我们可以在不需要实施任何手术的情况下研究大脑。在本章中，我们将介绍这些使我们能够看到活人大脑的结构和活动的脑部扫描技术。

脑电图

脑电图（electroencephalography，简称 EEG）是研究大脑活动最简单的方法之一，使用便捷且成本相对较低。我们通过记录头皮的电活动并将其显示在监视器上来测量大脑表面的电活动。

虽然脑电图不能显示大脑的结构，但它可以显示大脑活动

第 22 章 脑部扫描技术

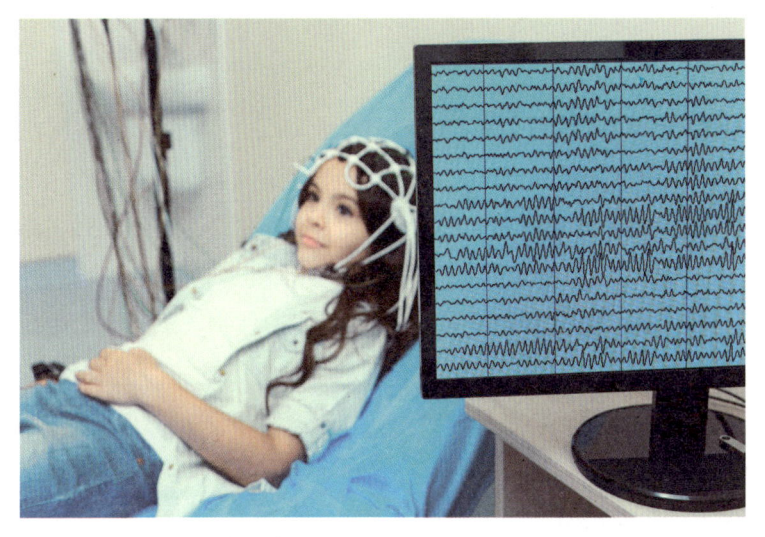

脑电图可以测量大脑的电活动。

的变化,因此可以用于诊断癫痫、睡眠障碍、脑损伤甚至肿瘤等疾病。

计算机断层扫描

计算机断层扫描(computer tomography,简称 CT)是由电气工程师戈弗雷·霍恩斯菲尔德(Godfrey Hounsfield,1919—2004)于 1971 年首次进行的,他因在 CT 研发中做出的贡献而获得了诺贝尔奖。

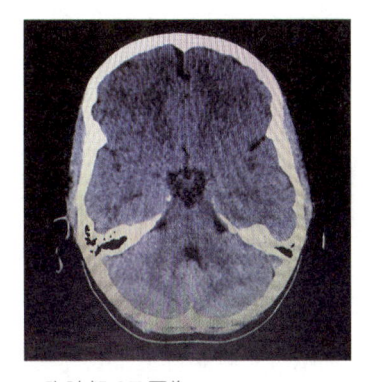

一张脑部 CT 图像。

CT 使用 X 射线和计算机来生成身体内部的详细图像。X 射线通过旋转管以窄束的形式发出,可以检测出数百种不同的密度水平,从而生成详细的三维图像。尽管它不能显示大脑的活动，但它可以识别骨骼、组织的损伤和血液流动问题。

正电子发射断层扫描

阿德里安·雷恩（Adrian Raine，生于 1954 年）在研究杀人犯的大脑时（见第 46 章）使用了正电子发射断层扫描（position emission tomography，简称 PET）来观察大脑内的活动。研究对象喝下或注射一种叫作示踪剂的轻度放射性物质。大脑中活跃区域的血流量会增加，而示踪剂就会聚集在这些活跃的区域。当示踪剂分解时，它会释放出可以被接收器接收的伽马射线。正电子发射断层扫描可用于检测肿瘤，因为肿瘤需要更多的血流量，通过扫描就能检测到。

正电子发射断层扫描图像缺乏其他成像技术所呈现的结构细节，这种技术无法精确显示特定时间的大脑活动，而呈现的是一段时间内的大脑活动。因此，当需要有关大脑活动的详细信息时，功能磁共振成像越来越多地取代了正电子发射断层扫描。

磁共振成像和功能磁共振成像

顾名思义，磁共振成像（magnetic resonance imaging，简称 MRI）需要将患者置于强磁场内。磁力使我们体内原子内的带正电荷的质子与磁场方向一致。当磁力消失时，它们会回到原来的位置，同时释放电磁波。扫描仪会检测到这些电磁波并生成图像。体内不同组织中的质子回到它们原始位置所需的时间不同，因此它可以显示大脑中不同的结构。

MRI 的一个优点是，与 CT 和 PET 不同，它不使用辐射源来构建图像，因此被认为是对身体无损的。然而，MRI 不能用

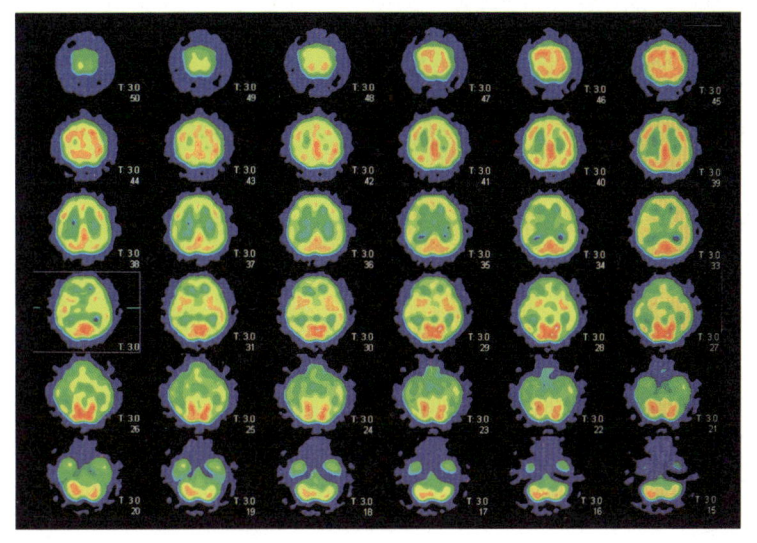

一张人脑 PET 图像，红色表示该区域更活跃。

于体内装有起搏器或金属支架的患者。另外，MRI 只显示大脑结构的快照，而不能显示大脑内的活动。这时功能磁共振成像（functional magnetic resonance imaging，简称 fMRI）就派上用场了。

fMRI 利用血液流动来研究大脑活动。氧气通过含有血红蛋白的红细胞输送到身体中的其他细胞。血红蛋白携带氧气时的磁性与不携带氧气时的不同，因此一旦红细胞将所携氧气输送到其他细胞，其磁性就会发生变化。当大脑的某个区域更活跃时，它需要更多的氧气，而 fMRI 可以通过检测血红蛋白磁性的变化来识别这种氧气输送。

在其他应用中，fMRI 已被用于与看似植物人状态的患者沟通。这些患者无法用其他方式与外界沟通，在向患者提出一个问题后，医生会激活其大脑，使其以能被检测到的特定方式给出"是"或"否"的答案。通过这种方式，医生可以

无畏的心理学

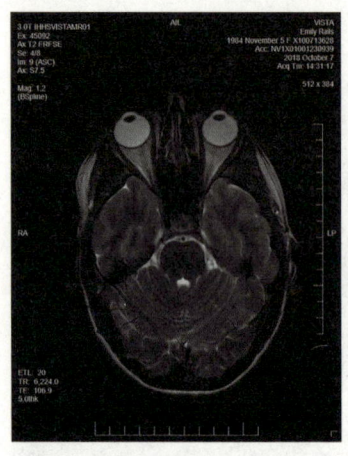

一张 MRI 图像。

询问患者是否疼痛,是否需要药物治疗,是否想听某些音乐,甚至只是确认他们的意识是否清醒。治疗此类患者的医生也报告说,患者家属通过 fMRI 能了解到他们的亲人是有意识的,并能感知到他们,这使得患者家属能够更热情地探望患者并与之互动。这样一来,患者的生活质量可以得到不可估量的提高。

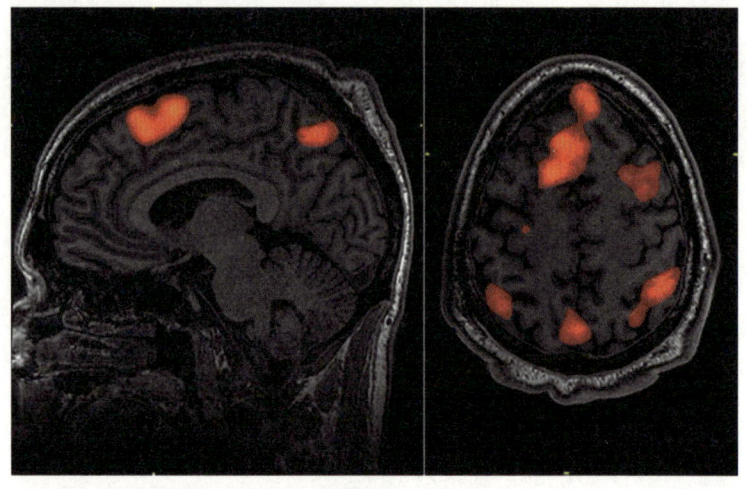

一张在工作记忆任务当中的人脑 fMRI 图像。

第23章

神经传递

大脑和脊髓组成了中枢神经系统，这才是真正塑造我们的自我的基础。身体的其他部分就像一台保证大脑的营养和安全的机器。中枢神经系统主要由两类细胞组成：神经元和神经胶质细胞。神经胶质细胞支持神经元，神经元则负责我们全身的信息的交换，使我们能够思考、协调和保持身体运转。

脉冲

构成我们身体通信网络一部分的数十亿神经元以大约119米/秒的速度相互传递被称为脉冲的电信号。即使是环境中最微小的变化，遍布我们全身的受体细胞也能检测到，比如我们的皮肤或眼睛上的细胞，它们会将这些变化转化为电信号，由神经元接收并传递到腺体或肌肉，或对刺激做出反应的其他身体器官。

身体对这些刺激的大部分反应我们都没有意识到——身体只是静静地处理这些信息，并做出心率变化或瞳孔扩张等反应，以便我们能够舒适地度过一天。

连接

在大脑中，这些脉冲从一个神经元传递到另一个神经元，

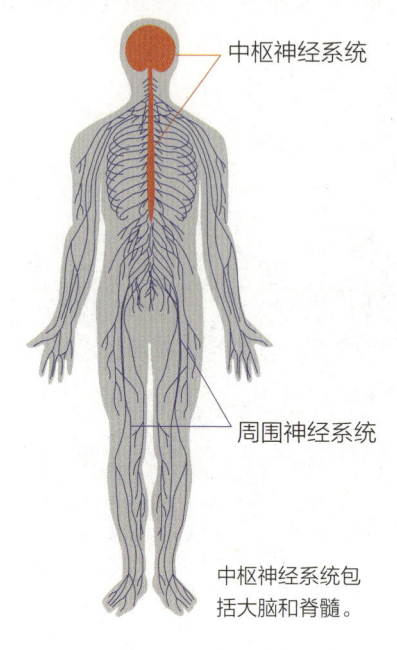

无畏的心理学

中枢神经系统

周围神经系统

中枢神经系统包括大脑和脊髓。

促进了认知，使我们成为独特的个体。人们已经尝试使用一种特殊类型的 MRI 来创建"连接组"，即大脑中这些神经连接的地图，从而更好地理解这些复杂的连接。

人脑连接组计划对大约 1200 人的大脑进行了扫描，来识别连接大脑不同区域的只有几毫米宽的神经纤维束。研究的结果被称为"宏观连接组"，因为在谈论大脑的解剖时，以毫米为单位的尺寸实际上是相当大的。

利用这项技术，该计划的科学家们已经有了一些重大发现，比如情绪低落或焦虑的人在杏仁核（大脑中与记忆、恐惧和情绪反应相关的结构）和其他与注意力相关的区域之间的连接较少。

神经元的结构特别适合携带和传递脉冲。它们的细胞体很长，因此可以在相对长的距离中携带信息。神经元的表面覆盖着一层叫作髓鞘的脂肪层，髓鞘使神经元与周围环境绝缘，使脉冲能沿着神经元快速传递。神经元两端还有许多分支，称为树突和轴突终末，使每个神经元与其周围的神经元建立许多联系。

神经元之间没有物理连接。它们使用称为神经递质的化学信使穿过突触间隙，将脉冲从一个神经元的轴突终末传递到另一个神经元的树突。当一个脉冲到达轴突终末的突触时，它被一种穿过突触间隙的神经递质接收，并被相邻树突上的受体接收。这样，这个脉冲就被释放出来，可以继续在大脑或身体中传递。

神经递质

每种神经递质都与不同的行为有关，但这并不像将每种激素与不同的情绪联系起来那么简单。例如，虽然多巴胺的确与情绪有关，但大脑中过度活跃的多巴胺通路也与精神分裂症的幻觉等症状有关；如果身体没有产生足够的多巴胺，也可能会引发帕金森病的震颤等症状。

尽管神经递质及其与我们行为的关系复杂，但科学界已经开发了通过调节神经递质以治疗精神疾病的方法。抑郁症患者可以使用5-羟色胺选择性重摄取抑制剂（SSRIs）来缓解抑郁症状。顾名思义，SSRIs抑制神经递质——血清素（5-羟色胺）的重摄取。当神经递质在轴突终末释放时，并非所有的神经递质都到达了下一个神经元。有些被神经元重新吸收或被酶分解。如盐酸氟西汀等SSRIs正是降低了神经末梢对血清素的重吸收率，从而增加了邻近细胞可用的血清素含量。血清素的增加有助于缓解抑郁症状。一些药物还可以阻断分解神经递质的酶。

像这样的药物疗法非常有用，因为它们可以比谈话疗法

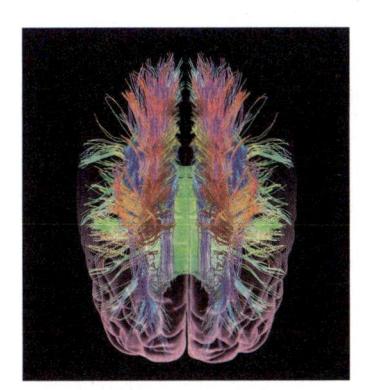

连接组是大脑中神经连接的地图。

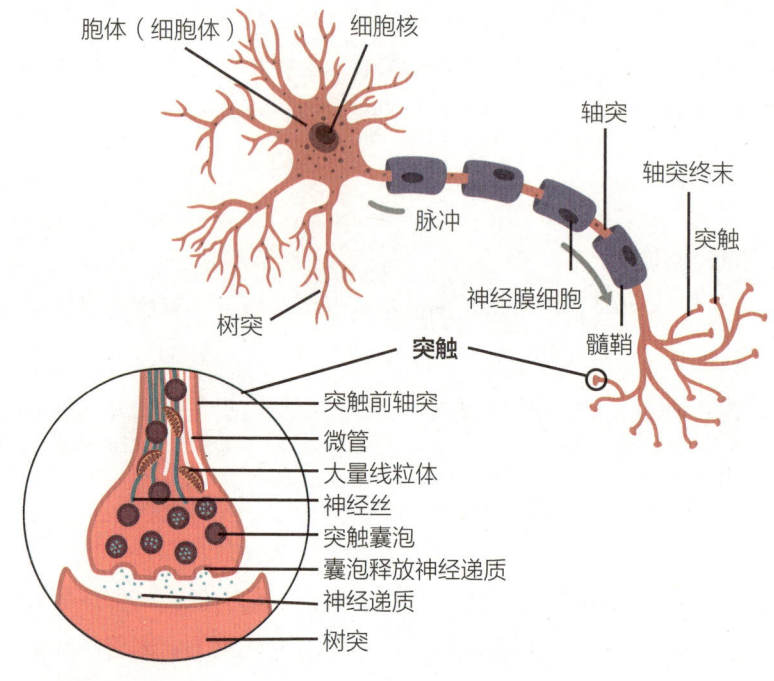

神经元解剖图

更快地发挥作用,并且患者本人需要付出的努力更少。对那些病症导致无法正常生活,并且无法做出积极改变以改善健康状况的人来说,这可能是改善他们状况的第一步。然而,药物疗法可能会上瘾,有副作用,而且只能治疗身体症状。它们不能解决最初导致患者身体不适的潜在心理、社会或环境问题,也不能阻止这些问题在未来继续影响患者。

第24章

神经可塑性

神经可塑性说明了我们的大脑是如何重组其神经通路的。这可能像我们掌握新信息时建立新的连接一样平凡，也可能像大脑受损后必须重新定位功能区一样不同寻常。

一般情况下，当谈到神经可塑性时，我们指的是两种情况：1）年轻的大脑在发育和学习过程中发生变化，即"发育中的神经可塑性"；2）脑损伤等创伤可能导致大脑发生的变化。

莎伦·帕克病例

莎伦·帕克（Sharon Parker）小时候被诊断为脑积水。病情导致脑液积聚，使得她的脑组织紧贴着她的颅骨。脑部手术成功排出了积液，但莎伦只剩下大概15%的大脑。莎伦的大脑部位只剩下一个巨大的空洞和一些只有1厘米厚的脑组织。医生预测她的日常生活将十分艰难，而且她很难活过5岁。

然而，莎伦活了下来，并且发育相当正常。事实上，她具有良好的长期记忆力，在智力测试中得分高于平均水平。除了短期记忆受损，她似乎生活一切正常，而且取得了护士资格。是什么让她能够正常发育？是大脑重塑的能力。莎伦的脑损伤发生在婴儿时期，这个时期的大脑有高度的神经可塑性，意味着它可以重新定位大脑功能区并修复损坏的连接。

"有一天我哥哥随口说我没脑子。我说,那又怎么样?这是一个医学事实。"

莎伦·帕克

发育中的神经可塑性

当婴儿出生时,其感官会收到海量的新信息。例如,婴儿的眼睛第一次感受到光线,一定会将这个新信息传递给大脑。大脑必须建立以前不需要的连接,所以神经元开始长出新的分支(轴突传递信息,树突接收信息),以连接到其他神经元。这样,新的信号就可以被接收、传递并由大脑解读。

加利福尼亚大学学者艾利森·戈波尼克(Alison Gopnik,生于 1955 年)发现,新生儿的大脑皮质的神经元有大约 2500 个突触连接,3 岁时增加到约 15 000 个。让人意外的是,这个数量是成年人大脑皮质突触连接数量的 2 倍。这不符合我们对

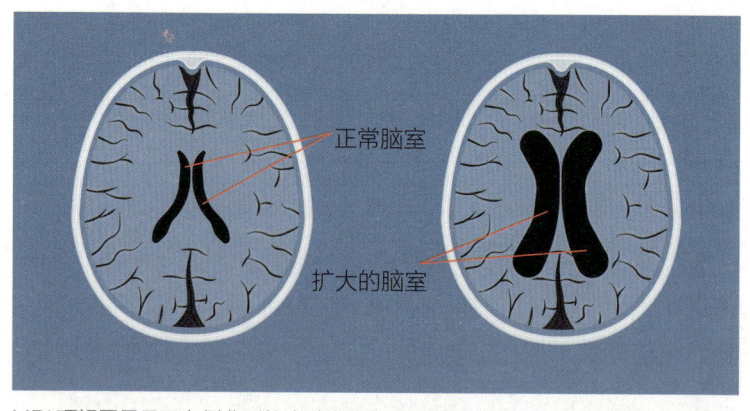

MRI 顶视图显示了左侧典型的大脑发育与右侧受脑积水影响的大脑发育之间的差异。扩大的脑室让莎伦·帕克只剩下 15% 的大脑。

大脑随着年龄的增长发育得日益复杂的假设。我们的大脑的目标是保证高效率，会消除旧的连接中那些不再使用的部分，这一过程被称为突触修剪。我们的经历影响着哪些连接会被加强或被修剪。冗余连接被修剪的过程被称为凋亡，较弱的突触连接不再发送或接收信息，最终会走向凋亡。

对大脑适应能力的早期研究

米歇尔·文森佐·马拉卡内（Michele Vincenzo Malacarne，1744—1816）在18世纪主持了最早的关于大脑适应能力的研究。他研究了在基因上尽可能相似的配对动物，例如同一窝出生的狗或鸟。几年来，他集中训练了配对动物中的一只，另一只则完全没有接受训练。马拉卡内随后对这些动物实施了安乐死，并比较了每一对动物的大脑。这个实验的结论发表于《物理、化学、自然历史和艺术》杂志（1793），声称训练过的动物的大脑皮质比未经训练的动物的大脑皮质的褶皱更多。马拉卡内发现，环境刺激可能会影响大脑的生理发育。

然而，尽管有马拉卡内的早期发现，19世纪和20世纪的大部分神经科学家还是相信大脑的结构在童年早期之后保持相对稳定。他们认为神经元的数量是固定的，当脑细胞死亡时它们无法被替换。他们假设大脑发育在童年早期后就停止了。事实上，童年早期确实是大脑发育的关键时期，此时大脑的适应能力特别强，但我们现在知道大脑在一生当中都会持续发育并适应外部环境。

伦敦出租车司机

也许对这一现象最著名的研究就是对伦敦出租车司机的研

究。实习司机需要通过一项名为"知识"的测验,这是对记忆力的巨大考验,他们需要记住伦敦几千条街道的名称。很多参加测验的人成绩都不及格。研究发现,通过测验的出租车司机比一般人的海马区域(位于大脑底部与记忆有关的一个区域)的灰质更多。

研究尚不清楚的是,这些出租车司机是因为本来就有超过平均水平的海马(因此记忆力更强)才通过了测验,还是他们的大脑结构因为测验的要求才发生了改变。他们是天生记忆力更好,还是大脑适应了环境?

2011 年,心理学家凯瑟琳·伍利特(Katherine Woollett)和埃莉诺·A. 马奎尔(Eleanor A. Maguire)进一步拓展了这项研究。她们研究了 79 名实习司机的大脑,4 年间,在实习司机参加"知识"测验之前、测验中和测验完成后分别扫描其

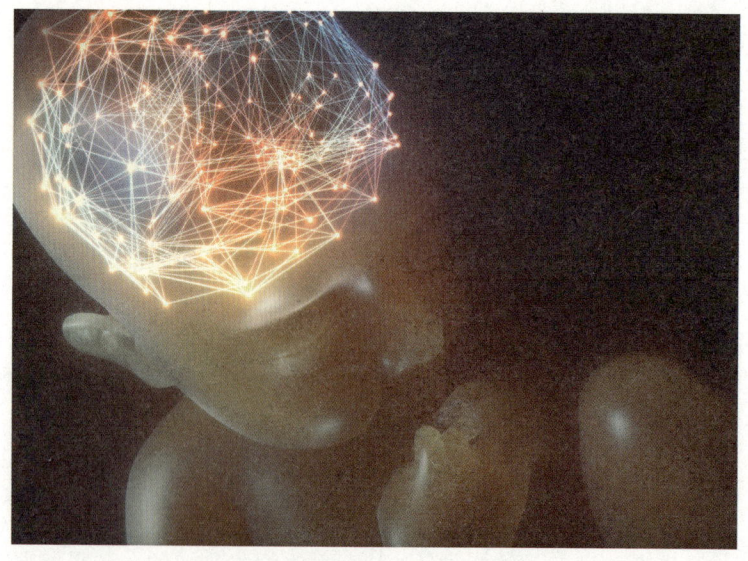

婴儿的大脑在出生后需要处理大量新信息。

MRI 图像。她们将这些实习司机的 MRI 图像与 31 名在年龄和受教育程度上与这些实习司机匹配的对照组人员的 MRI 图像进行了比较。所有的参与者还接受了一项记忆测试，以确保他们在接受"知识"测验训练之前记忆力水平相近。

39 名通过"知识"测验的实习司机和 20 名未通过测验的实习司机同意继续参加这项研究。心理学家发现，研究结束时，与那些没有通过的实习司机，以及对照组的普通人相比，那些通过测验的实习司机的海马后部明显更大。对记忆的需求越大，海马区域的神经元数量就越多。

通过这样的记忆研究，以及 MRI 技术的应用，人们发现海马是少数几个可以产生新细胞的区域。然而，大脑具有适应能力的原因仍不清楚。但是，这些研究结果使得科学界对成年人的大脑保持适应能力有了更积极的预期。

伦敦出租车司机必须通过"知识"测验，才能获得在伦敦开黑色出租车的资格。这要求他们拥有卓越的空间记忆，以记住伦敦的街道和地标。

然而，大脑的适应能力是有限度的。即使是健康人，其大脑的适应能力也会随着年龄增加而降低，就像体力和灵活性一样。伦敦出租车司机研究也显示，出租车司机的空间记忆能力的提升是有代价的。对照组的参与者能够回忆起更复杂的视觉信息。此外，大脑重新调整功能定位的能力只能作用于特定类型的处理。例如，视觉受损的个体或许能够重新定位部分大脑功能以提高触觉和嗅觉敏感度。然而，负责颜色识别的脑细胞是固定用于视觉输入的，因此无法转化。所以，虽然大脑适应能力很强，但某些区域即使在受伤后需要代偿时，也无法表现出可塑性。

神经可塑性取代了大脑发育是固定的这一观点，20世纪60年代就有明确的证据表明，大脑在人们成年后仍然具有适应能力，使我们能够继续学习新技能。即使受到了严重的脑损伤，就像莎伦·帕克一样，大脑也会表现出非凡的重新定位大脑功能区的能力，让人过上相对正常的生活。

第25章

认知心理学

1950年，艾伦·图灵（Alan Turing, 1912—1954）发表了一篇题为《计算机器与智能》的论文。论文的第一句是："我建议大家考虑一个问题——'机器可以思考吗？'"与此同时，我们理解人类思维的方式发生了变化，心理学家正在考虑人类是否真的像机器一样思考。

随着计算机发展得日益复杂，心理学家提出了一个可以应用于记忆、知觉和注意等过程的新模型，为我们研究行为主义心理学家之前认为无法看透的"黑匣子"提供了新的方向。这些是认知心理学的基础，包括对记忆和思维、意识过程、知觉以及问题解决等主题的研究。

"黑匣子"里面

几十年前，行为主义心理学家用非常科学的方法来研究人类的行为。他们拒绝研究心灵，因为内在的心理过程不能被直接观察或客观衡量。他们

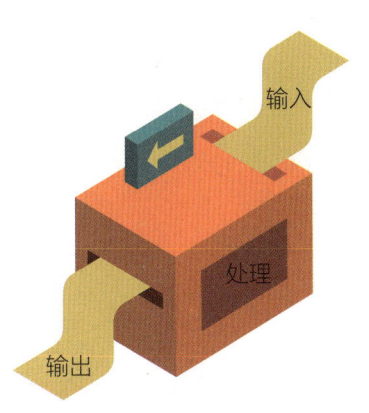

人类认知的"黑匣子"。

将注意力集中在对刺激变化的直接可观察的反应上，这些反应可以进行经验性测量。然而，认知心理学家提出，我们可以使用科学方法来研究刺激和反应之间的"中介过程"。通过仔细控制和操纵实验条件，认知心理学家可以分析实验结果并推断头脑中正在发生的事情。

计算机类比

认知心理学的一个关键特征是它将人类的思维与计算机进行类比。计算机通过与环境的交互输入信息，然后通过编码和存储处理输入的信息，最后通过在屏幕上显示图像或文本等输出信息。认知心理学家假设人类的思维也以类似的方式运作：我们通过感官从我们的环境输入信息，通过注意或记忆等认识功能提取处理信息，然后以反应的形式输出信息。记忆的多重存储模型（在下一章详细讨论）是一个将这一假设付诸行动的极佳例子。

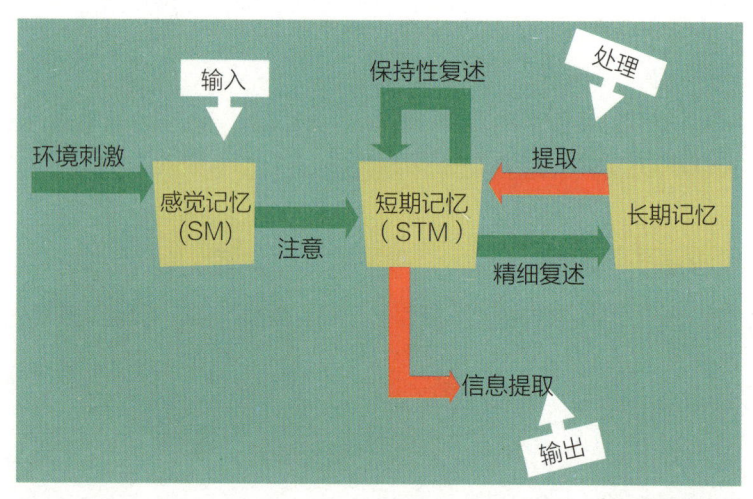

思维运作方式

内在心理过程

我们通过大量的内在心理过程来理解世界。其中最重要的四个是知觉、注意、记忆和语言。

图式

认知心理学家也提出，经验在我们的心理过程中发挥了重要的作用，并认为我们一生都在收集知识并创建信息包，组成"图式"。随着时间的推移，这些图式变得越来越详细，帮助我们分类、组织和解释信息。例如，我们可以制定构成某个物体的要素图式（比如有四条腿和一个平整顶部的就是桌子），或给定的情境图式（比如在电影院要安静地坐着）。图式会帮助我们处理每天遇到的大量新信息。然而，如果使用不当，图式也会导致错误。这可以解释为什么我们会被视觉错觉欺骗。

内在心理过程及示例

过程	示例
知觉	当你看见一个物体或动物，比如一条狗时，你可能会知觉到你所知道的狗的一般特征，比如四条腿、摇晃的尾巴等
注意	你注意到你认为可能很重要的特征，或者你曾经见过的特征
记忆	你搜索你的记忆来对这些特征进行匹配
语言	你使用语言来给物体或动物贴标签，比如"狗"

车祸记忆重构：一个语言和记忆相互作用的例子（Loftus and Palmer，1974）

对心理学家来说，研究记忆是如何运作的是一项比简单的记忆力测试复杂得多的任务，也是一个说明认知心理学家如何操纵变量以便推断"黑匣子"里可能发生了什么的极佳例子。

我们的记忆通常不是对事件的准确记录，而是大脑为我们精心重构的结果。伊丽莎白·洛夫特斯（Elizabeth Loftus）和约翰·帕尔默（John Palmer）通过一项分两阶段进行的实验，研究了语言在我们的记忆形成中的作用。

在第一阶段实验中，参与者观看了一段车祸视频。之后，他们被问了一系列关于车祸的问题，其中包括一个关键问题（洛夫特斯和帕尔默真正感兴趣的问题），要求他们估计当时汽车行驶的速度。然而，提问每组参与者的方式大不相同。他们被分成五组，每组被问到的关键问题都用了不同的动词来描述车祸。一组被问到："汽车撞毁时速度有多快？"而在其他组中，动词"撞毁"被换成"撞击""碰撞""撞到"或"剐蹭"。

洛夫特斯和帕尔默发现，动词越有攻击性，参与者估计的车速就越高。这表明询问车祸目击者的方式可能会影响他们记忆的准确性。

各组参与者平均估计车速

关键问题中使用的动词	平均估计车速（英里/时，1 英里/时 ≈ 1.61 千米/时）
撞毁	40.8
撞击	39.3
碰撞	38.1
撞到	34.0
剐蹭	31.8

在第二阶段实验中，参与者观看了一段车祸视频之后又被问了一系列问题。这次，参与者被分成三组。第一组被问及汽车"撞毁"时的车速，第二组被问及汽车"撞到"时的车速，第三组根本没有被问及汽车的速度。一周后，参与者被问到："你看到碎玻璃了吗？"即使视频中根本没有明显的碎玻璃，150 名参与者中还是有相当多的人报告说看到了碎玻璃，其中大多数人来自听到"撞毁"的这一组。这个实验证明，事后提问实际上可以促使证人回忆并不存在的细节，并影响他们对发生过的事情的记忆的准确性。

各组参与者问题回答情况（人数）

参与者回答	"撞毁"组	"撞到"组	对照组
是	16	7	6
否	34	43	44

对这项研究的一种批评是有关"生态效度"的。要提高生态效度,实验必须尽可能地还原现实生活中的情景,心理学家才可以确信他们在研究中的发现可以准确代表人们在现实生活中的行为。就洛夫特斯和帕尔默的研究而言,他们的实验条件与现实生活有几点区别,这些区别可能影响一个人的记忆功能。参与者是在观看视频,而不是经历了一场真实发生的车祸,这意味着他们的经历与现实生活中的经历不同——震动、声音、个人的危险感,这些因素都可能影响一个人的记忆。

尽管存在这一缺点,但像洛夫特斯和帕尔默所做的研究对我们生活中需要准确、无偏见的记忆的领域产生了重要影响,例如询问犯罪目击者。由于已经了解到提问对记忆的影响,人们开发了认知访谈,目的是避免给记忆添加任何不必要的细节,或无意中改变所回忆事件的详细信息。受访者将被要求简单描述他们记住的与事件有关的一切,而不是被问到访谈者可能感兴趣的引导性问题。这样,访谈者可以肯定的是,虽然证人的记忆仍然可能是不可靠的,但他们已经收集到了尽可能真实和完整的信息。

第 26 章

记忆模型

著名电影制作人路易斯·布努埃尔（Luis Buñuel，1900—1983）写道："没有记忆的生活根本不是生活。"没有记忆，你就无法识别由抽象线条组成的字母以及由字母组成的单词的含义，你也不会记得你是谁或者你喜欢什么。

出于这个原因，影响记忆力的疾病不仅会让患者痛苦，也会让其亲人痛苦，亲人们可能会在很多方面觉得，随着记忆力的丧失，患者本人也随之消失了。然而，失忆症并非像电影中描述得那样严重。记忆是一组复杂的过程，包括短期记忆、长期记忆、感觉记忆和工作记忆，这些过程共同创造了我们认为是记忆的东西。

对记忆的研究通常是认知心理学家的工作，他们试图研究记忆的内在心理过程。与只关注可观察和可测量行为的行为主义心理学家不同（如斯金纳，见第 12 章），认知心理学家认为，通过操纵他们给受试者的刺激，然后观察结果，他们可以推断出大脑的"黑匣子"中可能发生的事情。因此，认知心理学家提出了几种记忆模型，每种模型在解释记忆的复杂性方面都有其优点。

记忆的多重存储模型

理查德·阿特金森（Richard Atkinson，生于 1929 年）和理查德·希夫林（Richard Shiffrin，生于 1942 年）于 1968 年首次提出了记忆的多重存储模型。这个模型认为来自环境的刺激首先会进入我们的感觉记忆，这与我们的身体感觉有关，如视觉或听觉。感觉记忆库容量巨大，因此可以处理大量信息，但在被转移到短期记忆库之前，信息只能在这里存储很短的时间。

只有当我们注意到信息时，信息才会进入我们的短期记忆库。短期记忆库的容量和存储时间有限（有关这一点的更多信息，请参见第 27 章），因此，如果我们不采取措施帮助输入的信息在那里停留更长时间，或者将其转移到长期记忆库，信息就会很快消失。

保持性复述是一种能让信息在短期记忆库中多停留一会儿的方法，例如，当你被告知一个新的电话号码时，你会一遍又一遍地复述它，直到你准备好拨号。然而，除非你把这个号码转入长期记忆库中，否则你不太可能在同一天的晚些时候再次想起这个号码。长期记忆库拥有无限的容量和存储时间，因此，一旦信息到达了这个区域，我们甚至可以记住童年早期的经历。

这个模型非常有助于我们理解为什么复述信息会让我们更容易记住它——这对学生来说特别有用。这也有助于解释为什么我们在聊天中走神后，可能会记住别人最后说的话，而他本人则会愤怒地质问"我刚才说了什么？！"。然而，一些心理学家认为这种模型过分简单化。保持性复述的理论可以解释一部分信息是如何进入长期记忆库的，但不能解释为什么生活中一些没有被有意识地复述过的记忆片段也可以永远保留。一些心理学家还认为，短期记忆和长期记忆不应该被视为两个单一的记忆库，实际上，短期记忆与长期记忆可能有不同的类型，这可以用工作记忆模型更好地解释。

工作记忆模型

1974年，艾伦·巴德利（Alan Baddeley）和格雷厄姆·希奇（Graham Hitch）提出了工作记忆模型，它有助于解释一些无法用多层存储模型解释的现象。例如，它可以解释为什么我们可以同时执行两个任务：因为它们使用了两种不同类型的短期记忆库。但如果它们需要用到同一个记忆库，我们会发现它们很难同时完成。因此，我们可能会发现一边背歌词、一边阅读很困难，因为两者都要求我们清晰地表达和理解语言；但我们能够在完成拼图游戏的同时背歌词，因为拼图游戏要求我们处理视觉信息，而不是语言信息。

工作记忆模型提出，我们接收到的信息是由被称为中央执行系统的部分处理的。中央执行系统实际上不是一个记忆存储库，而是一个处理器，它决定我们应该关注哪些信息，然后将其引导到不同的存储库。视觉或空间信息将被传递到视空画板，视空画板还处理存储在我们长期记忆中的视觉信息。例如，如果我们试图回忆家中布局，视空画板就会工作。当我们处理与语言或声音有关的信息，包括书面信息时，这些信息就会被传递到语音回路，并进一步被分到语音存储库（存储我们听到或读到的东西几秒钟）和发音控制系统（循环我们听到或读到的词，以便让它们留在我们的记忆中）。发音控制系统还处理我们读到的信息，并将其转化为发音编码，

无畏的心理学

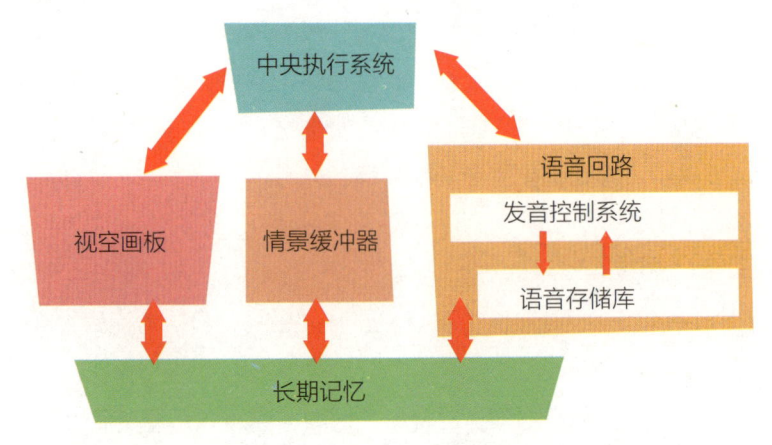

巴德利和希奇提出了工作记忆模型。

以便将其传递到语音存储库。

这一模型得到了大量对记忆丧失患者的研究结果的支持。一个著名的例子是 1974 年由蒂莫西·沙利斯（Timothy Shallice，生于 1940 年）和伊丽莎白·沃林顿（Elizabeth Warrington，生于 1931 年）对一名被称为"KF"的患者进行的研究，该患者在收到口头信息后能立即记住，但不能记住视觉信息。这表明，针对这两种不同类型的信息可能确实存在不同的短期记忆处理过程。然而，一些心理学家仍对中央执行系统及其作用，以及这一类过度依赖脑损伤患者的研究提出了疑问，这些患者可能有其他导致他们在某些记忆任务中遇到困难的复杂原因。

第27章

编码和短期记忆

随着第二次世界大战末期计算机和电子通信技术的发展，科学家们对信息的传播方式有了更深的理解。1948年，克劳德·香农（Claude Shannon，1916—2001）带着他对密码学和密码破译的热情，进一步研究了数据是如何被压缩、编码和传输的。

这些开创性的理论奠定了"信息论"的基础，信息被视为二进制的"位"（bits），由此产生了这样一个观念，即可以传输并在接收端准确解释的数据量是有限的。

这些理论最初被贝尔电话公司用于机械信息传递，但到20世纪50年代末乃至60年代，信息论开始应用于人类记忆。1956年，乔治·A.米勒（George A. Miller，1920—2012）发表了他的著名论文《神奇数字7±2：我们处理信息能力的局限》。他借用了来自香农和信息论的词汇和概念，来讨论人类工作记忆中的通道、信息、容量和编码。

短期记忆与神奇数字7

米勒回顾了在20世纪30年代至50年代的20年时间里有关短期记忆和知觉的文献。他注意到人们对听觉、视觉和数字序列的记忆有相似之处。米勒从他的研究中发现，一个人

无畏的心理学

能够在短期记忆中保存 5 到 9 条信息。他称之为"神奇数字 7±2"。

1887 年，约瑟夫·雅各布斯（Joseph Jacobs，1854—1916）在这一领域进行了首批实验，其中一次实验使用了数字广度测试，该测试主要是回忆一串数字，测试对象是北伦敦学院学校的女生。在实验中，数字（还有字母）的数量逐渐增加，直到学生们无法回忆出序列。雅各布斯发现，学生们平均能记住 9.3 个数字的 7.3 个字母。这项研究的结果进一步支持了米勒有关神奇数字的想法。

米勒从人类大脑处理信息的能力限制方面解释了这些结果，这就像互联网连接的带宽限制了你可以下载到你的计算机中的信息量。

然而，与计算机不同，人类不会将数据编码为单个数据位。米勒注意到，人类会使用技巧来连接数据，并通过信息"组块"来帮助回忆。例如，想想你是如何阅读一个句子的。你已经训练自己认识了单词（组块），并能默诵出组成单词的各个字母，这样你就可以回忆起超过 7 位的信息（在本例中是字母）。然而，米勒并没有继续准确地定义他所说的信息"组块"，神奇数字仍然是 7±2。

在接下来的 40 年里，几乎没有人试图完善这个数字模型。米勒的兴趣转移到了其他地方，

克劳德·香农和他的超级记忆电子鼠（1959）。

他在 1989 年写道，那篇论文是基于他被哄骗给美国东部心理学会做的一次公开演讲写成的，并表示他不明白那篇论文为什么会受到如此多的关注。

近年来，这个神奇数字再次成为人们关注的焦点。它在教育、公共信息传播和市场营销方面的重要性比以往任何时候都更大。以新冠疫情期间的信息传播为例。一条包含 9 个组块以上的公共卫生信息通常很难被理解，关键信息也不会被记住，而这可能会带来灾难性的后果。简短、易记的短语更容易被记住，例如"勤洗手，戴口罩，少聚集"。

有人试图研究米勒的论文中没有涉及的内容，即信息编码的环境，以及时间对这一过程的影响。米勒之后也认为这个神奇数字可能小于 7，因为他在之前的研究中没有考虑时间和参与者的年龄等因素。

尽管米勒的神奇数字存在争议，并且短期记忆能力极限的研究已经停滞了 40 年，但 7±2 的神奇数字在心理学上仍然相对固定。也许正是米勒以娱乐性的方式发表了他的研究成果，才使其声名不佳。尽管如此，它仍是短期记忆研究中最重要的概念之一，也许它是可靠的，因为它假设人与计算机不同，人类的记忆不是简单地用二进制信息来编码的。

短期和长期记忆中的编码

1966 年，艾伦·巴德利研究了短期记忆和长期记忆之间是否存在编码差异。已有研究表明，当单词听起来相似（发音相似）时，人们对单词序列的短期记忆情况会更糟糕；但当它们具有相似的含义（语义相似）时，人们对它们的短期记忆情况则没有影响。巴德利想研究长期记忆是否也是如此。

巴德利要求实验参与者记住单词列表中的 10 个短单词。有 4 个不同的单词列表：

- 发音相似的单词（如 pan、pad、pap）。
- 发音不相似的单词（如 hen、day、few）。
- 语义相似的单词（如 small、tiny、little）。
- 语义不相似的单词（如 hot、old、late）。

接下来，他要求实验参与者在读完列表中的单词后立即回忆单词，然后在 20 分钟后再次回忆。他发现，参与者在读完单词后立即回忆的情况下，比起发音不相似的单词，他们更难回忆起发音相似的单词；语义相似和语义不相似的单词的回忆情况没有差异。20 分钟后进行测试时，发音相似和发音不相似的单词的回忆情况没有差异，但语义相似的单词的回忆情况更差。

研究表明，短期记忆和长期记忆使用不同的编码系统。短期记忆依赖于声学编码和声音识别，所以当单词发音太相似时，就会干扰记忆；然而，对于长期记忆，则是语义相似造成了干扰。对于任何可能正在准备考试，或试图在较长时间内记住重要信息的人来说，这是非常有用的信息。另外，进一步的研究表明，给记忆或知识片段赋予意义确实可以提高记忆效果。

第28章

发展心理学与学习

发展心理学主要研究智力发展、人格形成、语言习得以及个体从出生到老年的心理生理和社会发展过程。

历史发展

发展心理学家在整个19世纪和20世纪专注于儿童发展理论，在此期间，查尔斯·达尔文进行了最早的发展心理学研究之一。在他的短篇论文《一个婴儿的传略》中，他回顾了他保存了37年的日记，其中详细描述了他的儿子多迪（Doddy）婴儿时期在语言和认知方面的发展。

儿童的发展，以及人类语言的发展，是进化论的重要组成部分。达尔文在《人类的由来及性选择》（1871）中提出，10至12个月大的儿童与狗的语言和理解能力水平相同，并认为语言不是动物和人之间的"不可逾越的障碍"。达尔文在晚年提出，生命的前3年在人类发展中最为重要。达尔文的文章激励了其他人研究发展心

达尔文发表了对其儿子多迪的观察日记，此举促进了发展心理学领域的发展。

理学，并在《心灵》杂志上发表大量文章。

1882年，德国心理学家威廉·普雷耶（Wilhelm Preyer，1841—1897）出版了《儿童的心灵》一书，使发展心理学成为一门具体学科。受达尔文进化论的启发，普雷耶用一种严谨的科学方法记录了他对自己的儿子阿克塞尔（Axel）出生至3岁的语言发展的纵向观察结果。普雷耶分析了语言的增量增长，将大脑发育过程比作当时的电路图。这本书为未来对现代人类发展的研究奠定了基础。

20世纪初，行为主义和认知心理学家对儿童的心理及其从出生到青春期的认知发展的变量产生了兴趣。在此期间出现了三位关键人物，他们围绕人格发展的变化及其与教养的关系提出了自己的理论。让·皮亚杰（Jean Piaget，1896—1980）提出了认知发展理论，该理论确立了儿童获得知识和理解世界的四个阶段。

列夫·维果斯基（Lev Vygotsky，1896—1934）以皮亚杰的理论为基础，提出认知发展不仅与发展阶段有关，儿童所处的环境也很重要。维果斯基提出，对儿童发展至关重要的是一个重要他人，他会引导儿童完成学习过程。

约翰·鲍尔比（John Bowlby，1907—1990）研究了依恋，以及儿童的早期生活是如何显著影响其成年后的人格特征的，这取决于他们在生命最初几年与照顾者的关系。

这三位理论家从不同的角度看待儿童发展问题，他们的理论仍然支撑着大多数当前的研究，共同为儿童发展和发展心理学开拓了更广阔的前景。

发展是连续性的还是非连续性的？

连续性发展被视为对现有技能和理解的逐步改变和改进。

该假设认为，发展是以稳定的速度持续到成年的，而不是以离散的阶段形式发生的。然而，儿童理解客体永久性的能力等证据表明，儿童的发展可能是在某一阶段突然发生的。发展心理学家还认为，并非所有的孩子都在同一年龄达到某一阶段，个体之间会存在差异。

在我们的整个童年和青春期，我们都经历了重要的发展阶段。然而，在我们的成年生活中，发展的过程变得更加连续。但也有例外，随着年龄的增长，对时间有限的认识会促使我们反思过去实现的和未实现的目标。在某些情况下，这可能导致情感叛逆或"中年危机"。对于女性，更年期会导致激素变化，从而影响行为。好消息是，在晚年，虽然我们在体力和心理上有所衰退，但我们的智力并未下降。

先天与后天

人格发展是由基因决定的，还是受成长环境影响的？先天论旨在理解生物学因素如何在认知发展中发挥关键作用。例如，我们遗传了父母的眼睛颜色、头发颜色和身高等身体特征。这是否意味着我们也继承了父母的行为特征？后天论认为，我们的人格和认知发展更多地受到了环境的影响。人生经历会影响我们的发展，当我们学习时，我们会根据周围的环境调整内在。

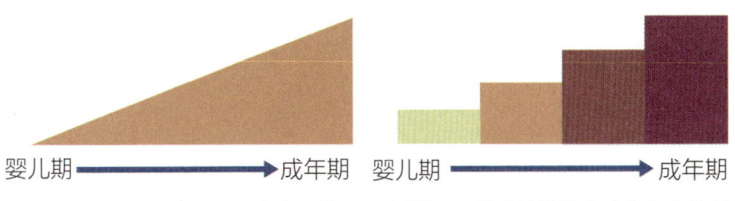

发展是连续性的（我们是逐步发展的，见左图），还是非连续性的（我们有着明确的发展阶段，见右图）？

为先天论和后天论分出胜负的唯一有效方法是进行双胞胎或收养研究。然而，即使这样也很难隔离任一因素的影响。表观遗传（基因变化）效应也可能会影响人格的发展。想想看：构成你的卵细胞是在你外婆的体内发育出来的。因此，你外婆可能经历过的战争或饥荒等环境压力可能会影响你的发展。这对好几代人的行为和人格发展都有影响。这是一个有趣的新研究领域，将发展心理学带回了进化发展的根源。

你的人格和发展可能由你的基因决定，而基因受到几代人的影响。然而，环境经验也在你的心理成长中扮演了重要角色。总之，想要揭示每种因素对你究竟有多大的影响是不可能的，但它们都在你塑造自我的过程中做出了贡献。

第29章

社会学习理论

1963年，阿尔伯特·班杜拉（Albert Bandura, 1925—2021）提出了社会学习理论。班杜拉认为，我们通过观察并模仿他人行为来学习如何行动。

榜样与模仿

根据社会学习理论，儿童会观察榜样的行为。榜样可能是儿童认识的人，如父母；也可能是他们可以在远处观察到的人，如名人。儿童会观察和记忆这些榜样的行为，并模仿他们观察到的行为。

班杜拉赞同经典和操作性条件反射的理论（见第11章和第12章），他对这些理论进行了扩展。他并不像这些理论一样简单地将人们视为被动的学习者，会对周围的刺激做出反应。他认为我们是学习的积极参与者——我们会思考行为与其后果之间的联系。这些思考

阿尔伯特·班杜拉，社会学习理论的创始人。

调节着我们的行为，意味着我们不会自动模仿我们观察到的所有行为。这被称为"调节过程"。

有几个因素可能会影响儿童模仿他们观察到的行为的可能性。

- 儿童是否看到该行为被强化。如果他们看到榜样因其攻击性行为受到奖励，儿童将更有可能模仿这种行为。这被称为"替代强化"。
- 儿童是否在某些方面与榜样有共同之处。例如，榜样可能与儿童的性别相同。

通过模仿攻击性榜样传播攻击性（Bandura，Ross，and Ross，1961）

这里描述的实验是班杜拉设计的一系列"猛击波波娃娃"实验中的一个，旨在探究孩子们是否可以通过模仿来学习攻击性行为。

研究人员从斯坦福大学幼儿园招募了36至52个月大的孩子，包括36名男孩和36名女孩。孩子们被分为三组：非攻击性榜样组、攻击性榜样组以及对照组。实验的榜样是一名孩子们之前不认识的成年研究人员，榜样会与波波娃娃——一个1.5米高的充气小丑互动。

- 攻击性榜样组：在进入房间并平静地玩了约一分钟后，榜样会开始极具攻击性地玩波波娃娃。榜样会用拳头打娃娃，踢它，用橡皮槌打它。

- 非攻击性榜样组：榜样会平静地玩玩具，而忽略波波娃娃。
- 对照组：无榜样示范。

班杜拉等发现，如果孩子们目睹了榜样攻击波波娃娃，他们确实更有可能对波波娃娃采取攻击性行为。攻击性榜样组的孩子会模仿榜样的肢体和语言攻击；而在非攻击性榜样组和对照组中，大约 70% 的孩子完全没有表现出攻击性。在攻击性榜样组，男孩比女孩更有可能表现出肢体上的攻击性，而男孩和女孩表现出的语言上的攻击性程度类似。

男孩和女孩都更有可能模仿男性榜样的肢体攻击。班杜拉等推测，这可能是由于性别歧视和性别角色。他们注意到，孩子们对男性榜样的攻击性行为的评价是"那个男人是个斗士"，而女性榜样的攻击性行为则引发了"这不是一名淑女应该做的"等评价。

> 在随后的研究中，班杜拉等重复了类似的程序，并记录了榜样的攻击性行为。他们想检验一种流行的理论，即观看电视上的攻击性行为可以起到宣泄作用，并让人们摆脱自己的攻击性倾向。然而，他们发现，孩子们会模仿电视上的攻击性行为，即使只是观看动画片中的攻击性行为，他们模仿的攻击性行为也和在现场实验中的一样多。
>
> 班杜拉等之后又重复了类似的程序，以探究目睹一个榜样被强化或惩罚是否会影响孩子们模仿攻击性行为的可能性。他们发现，孩子们不太可能模仿他们看到的被惩罚的榜样行为；然而，即使榜样的行为没有得到强化，其行为仍有可能被孩子们模仿。

应用

这个理论可以用来解释许多人类行为，比如犯罪行为是如何被学习的。一个人的成长环境中如果充斥着有犯罪史的同龄人或家庭成员，那么他很可能向身边的这些榜样学习。他会觉得犯罪者能获得自己想要的财富，通过这种替代强化，他就可能会去模仿犯罪行为。

第30章

认知发展与图式

让·皮亚杰出生于瑞士,是认知发展和儿童知识习得等研究领域的领军人物。他整合了生物学和心理学,提出了有关学习的基础理论,这些理论至今仍有影响力。

让·皮亚杰

皮亚杰幼时对生物学和自然着迷,他最初在纽沙泰尔大学学习动物学和哲学,对认识论特别感兴趣。这种兴趣的结合很快促使他前往苏黎世大学开展工作,师从与西格蒙德·弗洛伊德同时代的名人卡尔·荣格和著名精神疾病专家厄根·布洛伊勒(Eugen Bleuler,1857—1939)。1920年,皮亚杰在法国政府资助的阿尔弗雷德·比奈研究所(巴黎实验教育学实验室)工作,研究如何帮助学业上有困难的孩子。阿尔弗雷德·比奈(Alfred Binet,1857—1914)和泰奥多尔·西蒙(Théodore Simon,1873—1961)在1905年开发了第一个标准化智商测试(比奈-西蒙测试),来测试同一个年龄段的儿童在推理中是否会犯同一类错误。

当皮亚杰开展阅读测试

瑞士心理学家皮亚杰。

时，他注意到孩子们的错误其实是有规律的。然而，他对孩子们犯错的逻辑原因更感兴趣，并要求他们说明得出某一特定答案的推理过程。

通过研究，他了解到孩子们正确地使用了逻辑推理来得出结论，但由于缺少必要的知识和理解，所以无法给出正确的答案。他们重新创造了自己的现实，利用想象力填补了知识的空白。这向皮亚杰展示了成年人和儿童思维的重要差异以及我们的逻辑推能力理是如何发展的。

皮亚杰持续研究儿童是如何推理的。1921年，皮亚杰开始发表他的研究结果，该研究以比奈和西蒙开发的方法为基础，旨在采用科学方法。研究方法还包含自然观察，从婴儿时期观察孩子，包括他自己的三个孩子，并采访年龄较大的孩子。从这些观察中，皮亚杰提出了解释儿童如何发展的理论，也就是他所称的"发生认识论"。他提出知识获取分为三个主要领域：

1. 关于实物的知识（物理知识）。
2. 关于抽象概念的知识（逻辑数理知识）。
3. 关于文化特有概念的知识（社会知识）。

皮亚杰的认知发展阶段

皮亚杰认为，智力不是固定的，儿童要获得关于世界的知识，需要经历四个发展阶段：感知运动阶段、前运算阶段、具体运算阶段和形式运算阶段。

皮亚杰的儿童认知发展理论认为，随着生理上的成熟，个体会依次经历这些阶段。所有的儿童都以相同的顺序经历各个阶段，但皮亚杰从未明确说过达到每个阶段的绝对生理年龄。

第30章 认知发展与图式

儿童认知发展阶段

阶段	年龄	特点
感知运动阶段	0~2岁	儿童通过与环境互动来学习。他们主要用感官学习。他们开始理解因果关系（如果东西掉到地上，就会发出响声），并开始理解客体永久性（明白虽然他们看不到物体，但物体仍然存在）
前运算阶段	2~7岁	儿童开始使用语言和符号。他们继续以自我为中心，主要关注自己的需求。这一阶段的结束标志着对守恒的理解（知道物体可以改变形状或排列方式，但仍具有相同的体积或数量）
具体运算阶段	7~11岁	儿童理解了守恒（参见前一阶段），并对因果关系有了很深的理解
形式运算阶段	12岁以上	儿童现在可以表现出抽象思维。他们可以构建和应用假设，并使用演绎推理

这是因为有许多因素会影响个体的认知发展：文化、环境交互和生理成熟度。有些儿童无法完全达到所有发展阶段。

图式

皮亚杰认为，新生儿有一个基本的心理结构，其先天行为是通过遗传获得的。当我们在生活中不断发展时，我们会创建小信息包，即图式，来帮助我们解释和理解周围的世界。他将图式定义为："一个内聚的、可重复的动作序列，它拥有紧密相连的、由核心意义支配的组成动作。"当我们遇到新情况时，我们会通过组织、适应、同化和顺应的过程来不断地调整这些图式。

组织是我们组合现有图式发展出更复杂行为的能力。随着婴儿的发育，他们可能通过移动玩具知道了自身可以影响周围环境，就会利用这些信息，以更复杂的方式应用他们的图式来抓取食物。

当我们收集到新的信息时，我们会将其与原有图式同化，以更新我们对周围世界的理解。如果新信息与我们当前拥有的图式相矛盾，我们可能会体验到不平衡。当我们努力顺应新的、相互冲突的信息时，我们可能会迷失方向。当新信息被纳入我们的理解时，图式会回归平衡。图式与客体相关，也与经验相关。例如，我们在电影院的举止的图式可能与我们在派对上的举止的图式截然不同。

我们注意到儿童的行为符合这一理论：当儿童第一次看到蝙蝠时，他们可能会把它称为鸟。他们将其与他们对鸟类的图式同化——一种体形小、有翅膀、会飞的生物。当你告诉他们"不，这是一只蝙蝠"时，他们会感到认知上的不平衡，这意味着他们关于鸟的图式可能不正确或不完整。他们会顺应这一新信息，并注意到蝙蝠的独特特征——可能是毛茸茸的身体或没有喙。这样他们就知道了如何识别蝙蝠，并达到认知上的平衡。

第31章

最近发展区

列夫·维果斯基是一位苏联心理学家,以其社会发展理论(社会文化理论的基础)而闻名。他受到马克思主义和德国格式塔心理学的影响。他认为,儿童的发展受到整个人类经验的影响,社会中拥有更多知识的个体会通过语言和引导学习给儿童灌输文化价值观和解决问题的策略。

维果斯基和皮亚杰

在生前,维果斯基的工作几乎没有得到任何认可,他在38岁时死于肺结核。当时,他的大部分作品都被打压,但在他死后其作品被翻译成了英文,并得到了广泛的认可。他的作品与巴甫洛夫和皮亚杰等同时代学者的作品并驾齐驱,为我们提供了有关认知和儿童发展的重要理论。

维果斯基的发展观与皮亚杰的发展观不同。皮亚杰提出,

列夫·维果斯基提出了最近发展区的概念。

皮亚杰与维果斯基观点对比

	皮亚杰	维果斯基
社会文化背景	很少强调	非常强调
建构主义	认知建构主义	社会建构主义
阶段	非常强调发展阶段	没有提出一般发展阶段
学习和发展的关键	平衡、图式、适应、同化、顺应	最近发展区、脚手架、语言/对话、文化工具
语言的作用	最小作用——语言为儿童的经验提供标签（自我中心语言）	主要作用——语言在塑造思维方面发挥着强大的作用
教学启示	应支持儿童探索他们的世界并发现新知识	应为儿童提供与老师和更熟练掌握技能的同龄人一起学习的机会

儿童要经历一系列发展阶段，他们的发展先于学习。维果斯基则认为，发展是社会学习的结果，儿童会逐渐从父母和老师那里学习。他进一步表示，发展可能因文化而异，而社会对个体产生影响的同时个体也会影响社会。例如，在文字出现之前的时代，儿童会通过故事或直接经验来学习；而现在的儿童会通过记笔记和考前复习来学知识。由此看来，维果斯基的理论将这种认知发展的动态考虑在内，而皮亚杰认为不同文化和社会之间的儿童发展没有差异的观点则显得狭隘得多。

第 31 章　最近发展区

最近发展区

维果斯基理论的核心思想是,学习是一个协作过程,学习者在一生中通过与同龄人和老师互动来学习。他指出,一个孩子能独立达到的发展水平,与在指导下能达到的潜在发展水平是不一样的。他对其中的原因产生了兴趣,并假设缩小两者之间的差距才是真正的学习。维果斯基将这种差距称为"最近发展区"(zone of proximal development,简称 ZPD)。

维果斯基认为,ZPD 是学生能最有效地进行学习的区域,拥有更多知识的他人会指导学生学习所需的知识,使他们对正在学习的科目或技能充满信心。如果学习难度太低,学生就会觉得没有挑战性,也不会取得什么进步;相反,如果学习难度太高,学生将无法达到学习要求。

这就引出了维果斯基提出的第二个关键概念,即"拥有更多知识的他人"(more knowledgeable other,简称 MKO)这一角色。从本质上讲,这是一个充当导师的人,他对学生试图理解的主题、过程或技能有更深刻的理解。因此,MKO 能够引导学生跨越已知与未知的差距,超越目前的理解水平。学生应该能够展示他们的理解,这同样十分重要,因此必须保证 MKO 和学生之间有机会进行双向对话。

因此,在教育环境中,教师要扮演专家的角色,也必须调整教学难度,以适应学生的能力。这要求教师定期检查学生的理解情况,并相应地调整教学难度。这是对当时儿童发

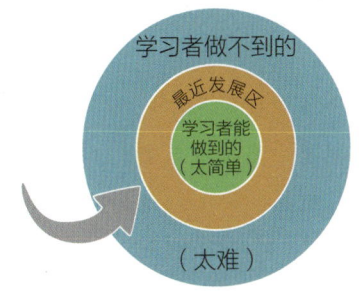

最近发展区示意

展的经典理论的一次突破，经典理论认为认知发展发生在学习之前。维果斯基则认为学习和发展同时进行，"借助他人之力，我们才成为自己"。

MKO通常被假定为成年人。然而，事实并不一定如此。MKO只需要是一个比学习者更了解当前特定任务的人。MKO的教学也可以远程进行。在新冠疫情期间，许多学生要么直接在互联网上学习，要么使用基于网络的教程和软件来指导他们的学习，评估他们的理解，并就所学内容提供反馈。这表明，在现代背景下，只要应用了教学和评估的关键原则，MKO也并不一定需要是特定的个人。

齐纳坎特坎织工

与ZPD和MKO等概念相关的一个有趣的非西方文化的例子是20世纪80年代在墨西哥中南部的齐纳坎特坎织工中观察到的学习过程。在这里，社会指导非常明确，村里的妇女从小就学习如何制作编织品，并总结出了需要遵循的六个基本步骤。在孩子织第一件衣服的过程中，其中93%的时间会有成年人参与。据观察，在孩子编完四件或四件以上衣服并变得更熟练后，这一比例下降到40%左右。

成年人在指导孩子时使用的语言水平同样会逐渐发生变化。最初，成年人的指令和教学语言是清晰简洁的。随着孩子的手艺渐渐熟练，语言指导变成了关于手头工作各个方面的更开放的对话。在利比里亚的织工之间也观察到了类似的过程，这显然为学习技能提供了一个框架。

语言和最近发展区

对维果斯基来说，沟通和语言的发展是认知发展的重要工具。他提出了三种语言类型：1）社会语言或与他人的外部交流语言（从 2 岁开始）；2）内心引导的自言自语（从 3 岁开始）；3）无声的内部语言（从 7 岁开始）。他认为，最初的思想和语言是分开的，直到儿童 3 岁左右才结合起来。

维果斯基是最早关注自我对话（自言自语），并发现这一语言发展阶段的重要性的心理学家之一。他相信，孩子们与自己进行对话，可以像拥有更多知识的他人一样行事，并规划解决问题的策略。最终，这种情况会在 7 岁左右减少，因为无声的内部语言成了更为主导的语言思维模式。

20 世纪 80 年代，人们观察到墨西哥中南部的齐纳坎特坎织工使用六步法来制作传统的编织品。孩子们从很小的时候就开始学习这些知识，他们最初是在一个成年人的密切监督和指导下进行编织的，直到掌握编织技巧。

布鲁纳和螺旋式课程

20世纪60年代，杰罗姆·布鲁纳（Jerome Bruner，1915—2016）在皮亚杰和维果斯基的思想基础上，提出了螺旋式课程的概念。布鲁纳认为，孩子们具有理解复杂事物的能力，但是语言和教学方法限制了他们的理解能力。布鲁纳提出的螺旋式课程是指，先教授一个复杂主题的基础，然后再更深入地探讨其内容。教学将以难度逐渐提升的模式进行。

布鲁纳对知识的呈现方式很感兴趣，并提到了三种不同的将信息编码到记忆中的模式：

1. 基于动作（动作性表征）。
2. 基于图像（映象性表征）。
3. 基于语言（符号性表征）。

跟皮亚杰的认知发展阶段理论不同，布鲁纳认为，在学习时，信息表征逐渐从动作性表征变为映象性表征，最后发展为符号性表征。而且他认为表征的转变对儿童和成年人是一样的。布鲁纳还认为，教育不仅仅要提供知识，还要鼓励学生积极学习，建构自己的知识。

为了实现这一目标，布鲁纳提出了脚手架的概念。学生可以通过发现来学习，在这个过程中他们会得到教师的支持。最初，教师会密切监督学生，与学生共同解决问题，然后减少支持，直至最终不再提供支持，让学生独立解决问题。这是对教师扮演专家角色，并"告诉"学生他们需要知道的信息的传统教学模式的变革。

第32章

道德发展

我们倾向于认为，所有人都在无意识中遵守一套普遍的道德观。德国哲学家伊曼努尔·康德（Immanuel Kant，1724—1804）认为，世上有一种至高无上的道德准则，他称之为"绝对命令"。康德认为，一切理性生物都受"理性真理"的约束。换句话说，所有人都要遵守一种与生俱来的道德准则。

以"电车困境"为例。一辆失控的电车正冲向五个在轨道上工作的人，他们对自己命悬一线的危险处境一无所知。你可以操纵扳道装置，使失控的电车转向另外一条轨道上。然而这样做会导致另一个人的死亡。大多数人在道德上更容易接受这样的结果：杀死一个人，从而挽救五个人的生命。然而，如果你的行为导致了那个人的死亡，你是不是该对他的死亡负责？如果那个人是儿童或你的家人怎么办？在这种情况下，道德判断和决策可能会失灵，各人的反应也会有所不同。

道德发展

道德发展是儿童在其所处的社会中发展出是非观的过程。许多心理学家研究了儿童的道德发展，第一位对此做系统研究的心理学家是皮亚杰。他不仅提出了道德的发展阶段，还将道

"电车困境"是一个经典的道德推理的例子。在这种情况下,你应该把失控的电车转到另一条轨道上吗?这样能拯救五个人,却会杀了另一个无辜的人。这种干预在道德上正确吗?

德发展与儿童的认知发展联系起来。皮亚杰认为,道德发展是一个建构的过程,经验和行动推动了道德信念的发展。随着儿童的年龄渐长,他们对道德判断、规则和惩罚的看法也会随之改变。因此,皮亚杰提出,道德发展也有和认知发展的阶段相对应的阶段。

劳伦斯·科尔伯格

劳伦斯·科尔伯格(Lawrence Kohlberg,1927—1987)致力于拓展皮亚杰的思想,并提出了道德发展领域最重要的理论

"逻辑清楚地表明,多数人的需求比少数人的需求更重要。"《星际迷航 2:可汗之怒》中的斯波克(Spock)牺牲了自己来拯救集体。但我们的道德决策总是讲逻辑的吗?

之一。

科尔伯格的早期生活预示了他将穷尽一生来探索的主题。1932年，他的父母离婚，法院让孩子们自行选择跟父母中的哪一方一起生活。这种道德两难困境最终让科尔伯格和家里最小的孩子跟父亲生活，而最大的孩子则和母亲住在一起。

1945年，年轻的科尔伯格再次面临道德两难困境，他在一艘走私船上工作，将犹太难民偷渡到当时被英国控制的巴勒斯坦。这在当时是违法的，走私船被英国截获后，科尔伯格被捕入狱。后来他在哈加纳（Haganah，一个犹太人武装组织）的帮助下逃跑了，又回到巴勒斯坦帮助犹太难民。此后，他宣布放弃暴力，转而参加和平运动。

科尔伯格对道德的迷恋源于这些早期经历，1948年他回到美国，在芝加哥大学学习心理学。在攻读博士学位期间，科尔伯格对皮亚杰的道德发展研究产生了兴趣。

科尔伯格的道德两难困境

科尔伯格提出了十个道德两难困境的假设，并以故事的形式呈现这些困境。这些故事迫使人们对道德两难困境产生矛盾的看法。通过研究不同年龄段的孩子给出的答案，科尔伯格希望发现随着年龄增长，道德推理产生变化的方式。

科尔伯格的研究对象是75名10到16岁的芝加哥男孩，其中58人被选为随访对象，每3年随访一次，直到他们长到28岁。

对10岁孩子提出的道德两难困境是："是挽救一个重要人物的生命更好，还是挽救很多不重要的人的生命更好？"对那些13到24岁的研究对象提出的道德两难困境则是："当一个

海因茨两难困境（kohlberg，1958）

"海因茨两难困境"也许是科尔伯格提出的道德两难困境中最著名的一个，在这个故事中，挽救生命与遵守法律相冲突。

该道德两难困境内容如下：海因茨的妻子患上了一种罕见的疾病，奄奄一息，医生们认为只有一种药可以救她。当地的一位药剂师研制出了这种药，但是售价十分昂贵，是实际成本的十倍。海因茨只有售价一半的钱。因此，他去找所有他认识的人借钱，尝试了各种合法手段，但他仍然筹集不到足够的钱。他告诉药剂师，他的妻子快要死了，并请求药剂师卖得便宜一些或让他延迟付款。但药剂师拒绝了，说："不，我研制药物就是为了赚钱。"海因茨绝望了，并考虑闯入药店为妻子偷药。

科尔伯格就这个故事提出了一系列问题，然后分析了孩子们的回答。问题包括：

- 海因茨应该偷药吗？
- 他偷药是对的还是错的？
- 如果药剂师拒绝给海因茨药物，他是不是犯了谋杀罪？
- 通常情况下，人们应该尽一切努力遵守法律吗？

科尔伯格在提出"海因茨两难困境"时显然受到了他

> 早期经历的影响。当他帮助犹太人大屠杀的幸存者偷渡到巴勒斯坦时,他相信自己有比遵守法律更高的道德目标。

病入膏肓的女人要求医生杀死她以结束她的痛苦时,医生应该对她实施'安乐死'吗?"

在提出道德两难困境之后,每个研究对象都接受了一到两小时的访谈。科尔伯格最感兴趣的是他们给出的道德决策的理由,而不是实际的道德决策本身。他发现随着孩子们长大,他们的理由发生了变化。

科尔伯格还比较了针对美国男孩和针对加拿大、英国、墨西哥、土耳其等地的男孩的研究结果。

科尔伯格的道德推理水平

科尔伯格认为,道德推理有三个水平,每个水平又分为两个阶段。

- **"前习俗水平"** 是道德推理的第一水平,此时儿童的决策基于逃避惩罚和获得奖励,通常持续到 9 岁。这一水平的儿童还没有发展出个人道德准则。
- **"习俗水平"** 是第二水平,这一水平的儿童坚持社会规则是最高的价值准则,道德推理基于个体所属群体的标准。权威和服从已经被儿童内化,而且他们通常不会质疑权威。
- **"后习俗水平"** 是指道德推理的最后和最高水平。令人惊讶的是,大约只有十分之一的人拥有后习俗水平所需的抽象思维能力。这些人遵循一套普遍的道德准则,这些准则可能凌驾于其所在的社会或群体的规则之上。这些道德准则往往定义不明确，并且基于个人经历，通常都包含了维护生命和人类尊严的价值观。

科尔伯格发现，儿童会逐步达到这些水平，后一道德推理水平会取代前一道德推理水平。他还发现道德讨论有助于儿童发展他们的道德思想。处于第二和第三水平的儿童间的讨论会推动处于第二水平的儿童向更高水平发展。

科尔伯格对道德发展的研究存在很多争议。有人提出，让自家孩子报名参加该研究的父母本身可能就比一般的父母对道德问题更加感兴趣，这些父母可能更多地与孩子们进行道德讨论，而这可能会导致研究结论不可靠。此外，科尔伯格只研究

水平	阶段	展现出来的道德推理
前习俗水平	惩罚与服从取向	遵守规则是为了避免受到惩罚
前习俗水平	相对功利取向	正确的行为会带来奖励
习俗水平	好孩子取向	良好的行为会取悦他人
习俗水平	法律和规则取向	遵守法律、有责任心
后习俗水平	社会契约取向	是非对错已在社会上达成一致
后习俗水平	普遍原则取向	道德行为基于个人原则

上表显示个体道德推理的发展情况。令人惊讶的是，大多数人都没能够发展到道德推理的最高水平。

了男孩的道德推理。1982年，他的同事卡罗尔·吉利根（Carol Gilligan，生于1936年）的研究发现，女性的道德推理方式不同，女性更关注人际关系。此外，研究也存在文化偏见，因为其研究背景是西方文化，更强调个人主义。

尽管如此，科尔伯格仍给我们提供了一个关于道德观是如何随着年龄增长而发展起来的独特见解，并解释了原因。虽然道德发展似乎遵循着一定的推理水平顺序，但它仍然取决于我们对更广泛的社会价值观的理解。

第33章

智力理论

加入门萨俱乐部这个只有"聪明人"的精英社群的唯一条件就是高智商。门萨俱乐部要求其成员智商测试的得分在总人口中排名前2%。

门萨俱乐部使用多种智商测试中的一种来审查成员入会资格,由于使用了可重复的标准化测试,他们可以公平地作出判断,并确保任何希望加入俱乐部的人都有平等的机会。然而,智力的概念以及如何测量智力是心理学界一直争论的话题。在本章中,我们将探讨一些用来定义智力的理论,以及用来测量智力的方法。

心理测量

弗朗西斯·高尔顿(Francis Galton,1822—1911)在19世纪初引入了"心理测量"的概念,他也是查尔斯·达尔文的表弟。高尔顿受到了以下概念的启发:个体之间的差异以及这些差异对特定环境的适应性是影响物种进化的决定因素。高尔顿认为,智力可能是进化的产物,他试图通过测试生理反应来测量智力,比如反应时间。而现代心理测量学理论则试图将智力作为一组心理能力来研究,这些心理能力可以通过标准化测试(通常被称为智商测试)来客观测量。

智商测试

阿尔弗雷德·比奈和泰奥多尔·西蒙设计了世界上第一个标准化智商测试，这两位法国心理学家受法国政府委托，来帮助学业上有困难的学生，并找出可能需要帮助的学生（另见第30章）。1905年，他们发布了比奈-西蒙测试，该测试用于观察年龄相近的儿童在推理中是否会犯类似的错误。他们的测试并不关注通过教学可以学到的技能，如数学，而是关注相对固有的能力，如记忆力或注意力持续时间。这项测试是为3岁至13岁的儿童设计的，旨在将受试者与一般同龄儿童进行比较。

针对3岁儿童的测试包括询问"你的眼睛、鼻子和嘴巴在哪里？"，或者要求他们描述一张图片。相比之下，13岁的儿童被要求完成一项更适合他们年龄的任务，比如找出两个抽象术语之间的差异。

这项测试非常流行，并且得到了广泛使用。但是它也受到

智商测试题

了批评，因为测试依赖于受试者完成任务的能力，而这实际上可能取决于以前的经验和教学，而不是固有的能力（也称为"原生能力"）。例如，测试因过分依赖儿童流利使用文字和语言的能力、读写能力以及理解抽象术语的能力而备受批评。另外，比奈本人并不相信智力是固定的，他认为智力非常复杂，无法用单一的标准来衡量。

二因素理论

1904 年，威廉·冯特（见第 1 章）的学生查尔斯·斯皮尔曼（Charles Spearman，1863—1945）提出了智力的二因素理论。他注意到，在某一心理能力测试中表现出色的人往往在其他心理能力测试中也会表现优异，反之亦然。因此，他设计了"因素分析法"，这是一种统计技术，用于检查测试成绩中的个体差异模式。斯皮尔曼总结道，两种因素是导致测试成绩出现差异的根本原因。

- **一般因素（g）**：涵盖一系列技能的一般能力。
- **特殊因素（s）**：某一领域的特殊技能，如词汇量或数学技能。

虽然斯皮尔曼的理论说明，一个人拥有一种总体的一般能力，也有许多可能跟特殊任务相关的能力，但一些心理学家仍然认为这一理论过分简单化。

基本心理能力

1938 年，路易斯·莱昂·瑟斯顿（Louis Leon Thurstone，1887—1955）质疑一般能力这个概念，并引入了他的"基本心

第 33 章 智力理论

瑟斯顿提出的七种基本心理能力

心理能力	描述
语词流畅	在执行押韵、解字谜和填字游戏等任务时能够快速流畅地运用语词
语词理解	能够理解语词、概念和想法的含义
计算	能够使用数字快速计算出问题的答案
空间想象	能够想象出空间的样式和形状
知觉速度	能够快速准确地掌握知觉细节,并确定刺激之间的异同
记忆	能够回忆信息,如名单、语词、数学公式和定义
归纳推理	能够从所提供的信息中得出一般规律和原则

理能力"理论。瑟斯顿的理论没有将智力视为单一的一般能力,而是将其视为七种不同的能力。

智力形态理论

1963 年,英裔美国心理学家雷蒙德·卡特尔(Raymond Cattell,1905—1998)也提出,智力可以分为两部分:1)晶体智力;2)流体智力。晶体智力涉及使用先前的知识,例如已经学习到的事实或操作过程,并且可以随着年龄的增长而提高。流体智力不需要先前的知识,而是使用抽象思维和逻辑,它也会随着年龄的增长而提高,到 20 岁左右才开始减少。

例如，在解一道数学题时，你可能会用你的晶体智力来回忆数学中使用的乘法表或符号；而你的流体智力可以帮你解决眼前的新问题，应对新的挑战。卡特尔提出了一种"智力形态理论"，该理论认为，流体智力较高的人更容易发展晶体智力。

信息加工理论

以上这些心理测量理论均侧重于对智力的测量，而信息加工理论则侧重于对解决问题过程的测量。

霍华德·加德纳（Howard Gardner，生于 1943 年）是一位深受皮亚杰研究启发的美国心理学家。加德纳认为，智力的心理测量理论有很大的局限性，典型的智商测试只测量某些特定能力，如语言或空间想象能力。1983 年，他出版了他的革命性著作《智能的结构：多元智能理论》。在这本书中，他提出，实际上个人的智力是由多种能力构成的，并且这些能力在不同的文化中可以相对照。根据多元智能理论，大多数任务都需要多种智能的结合才能成功完成。

三元智力理论

另一位美国心理学家罗伯特·斯腾伯格（Robert Sternberg，生于 1949 年）同意加德纳的观点，即智力比仅由一种一般能力构成要复杂得多。然而，他认为加德纳提出的一些智能实际上是可以开发的天赋。他提出了三种被称为"成功智力"的因素，这三种因素构成了他的三元智力理论。这一理论认为，智力是取得基于个人标准及其所处的社会文化背景的成功的能力。

顾名思义，三元智力理论认为智力有三个方面。

- **分析性智力**：分析或评估问题的能力。
- **创造性智力**：提出全新的或新颖的想法的能力。需要想象力和创新能力。
- **应用性智力**：适应环境或调整环境以满足自身需求的能力。

对心理测量的批评

为了让我们更好地理解我们智力形成的过程，提供学习的比较衡量标准，并让我们理解影响学习和智力的因素，以上提到的这些定义智力的尝试是必要且有用的。然而，在设计智商测试或试图定义智力这一复杂概念的过程中，可能会存在固

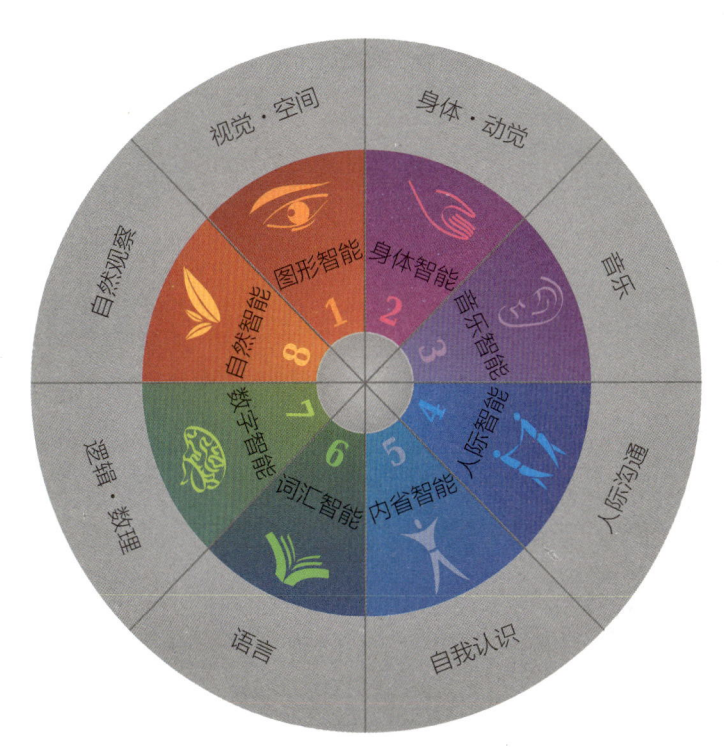

加德纳的多元智能

有的文化偏见。

很多智商测试会假定参加测试的人已经拥有了某些特定的知识或技能。然而，正如 1972 年扬·德雷格沃斯基（Jan Deregowski，生于 1933 年）的一个著名论断：来自不同文化的人感知和理解图像的方式是不一样的。扬·德雷格沃斯基对比了三维感知者（来自西方文化的参与者）和二维感知者（来自赞比亚的参与者）。来自西方文化的人经常使用三维图像，而赞比亚人很少使用三维图像。德雷格沃斯基给他们看了一张"不可能三叉戟"的图片，请他们临摹。德雷格沃斯基发现赞比亚人观察这张图片花费的时间更少，而且临摹得很好。然而，来自西方文化的三维感知者很难临摹这张图片。他认为这是由于他们对真实物体的了解干扰了他们描绘图形。来自赞比亚的二维感知者则没有受到这种干扰，因为对他们来说，这张图片不是三维的，只是一种线条图案。这是一个假定知识会影响任务表现的例子，即使这些任务并不需要特定的事实性知识或词汇。

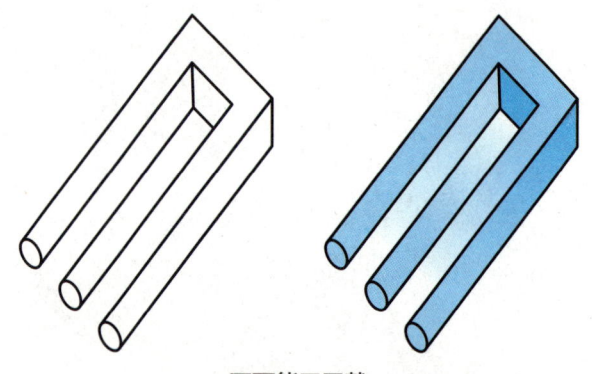

不可能三叉戟

第34章

人类智力

前一章概述了测量人类智力的困难，而比较人类和其他物种的智力则更加复杂。我们不能说人类比其他物种更聪明或更笨拙，但我们都同意人类在工程和创造领域取得了独特成就，而这些成就使我们有别于其他物种。

人类和其他哺乳动物的大脑都比维持基本生存机能所需的要大，而鸟类大脑也有此特征。但大脑相对较大也有缺点，它们需要大量的能量才能正常运作。而与之相匹配的大颅骨导致我们在较早的发育阶段就不得不被分娩出来，也就比其他动物幼崽需要被父母养育更久。本章将会讨论可能导致我们在进化中优先发展出又大又笨重的大脑的生物因素和环境因素，以及大脑给我们人类带来的独特智力。

进化压力

自然选择的进化是一个过程，最适合在特定环境下生存的有机体通过繁衍将其基因传递下去，因此也将其优势特征传递下去。让当前某个物种表现出一些特质的"进化适应性环境"实际上出现在200万年到10万年之前。在那个时候，我们所适应的可能是寻找食物、照顾后代，以及与其他能帮助我们达成这些目标的同类建立关系。

无畏的心理学

这只狐獴通过警戒捕食者表现出了利他主义。尽管这将它自己置于危险之中,但这种行为增加了与其基因最接近的亲属生存的可能性。

当我们从进化的角度来看待我们的行为时——我们为基因的延续而奋斗,许多现代行为都得到了解释。例如,它可以解释为什么大多数常见的恐惧症都与人类进化史中可能会对生存构成威胁的生物或情境有关,或者为什么我们有时觉得自己有必要"融入"集体并在面临群体压力时表现出服从。作为一种社会性动物,我们在进化中就被内置了这些行为倾向。

进化论也可以用来解释那些似乎对个体来说不具有适应性的行为,例如我们倾向于利他主义,优先考虑他人的需求而不是自己的需求。如果我们理解"适者生存"指的不是个体,而是我们的基因遗传,我们就能明白为什么为了家庭或群体而牺牲自己的幸福会是一种进化优势。利他行为会使我们的群体获得优势,我们的后代或近亲更有可能存活下来。这种特征也可以在其他物种身上看到。例如,在一群狐獴中有一只狐獴会保持警戒状态,如果捕食者靠近,它会发出叫声来向它的族群示警。这只作为哨兵的狐獴更有可能被捕食者抓住,但它作出这种牺牲是为了确保其基因以近亲存活的形式存在。

肉食分享假说

有一种关于人类智力的理论与社交性的概念有关,那就是

"肉食分享假说"。它不是基于利他主义的概念,而是提出我们战略性地分享肉食这种宝贵的资源,是为了迎合他人,以结成联盟。人类学家克雷格·斯坦福(Craig Stanford,生于 1956 年)在 1999 年出版的《狩猎猿:肉食和人类行为的起源》一书中提出,用肉作为一种货币进行交易和物物交换需要智力,所以那些更擅长进行物物交换并以这种方式作出战略决策的人更有希望繁衍后代,传递他们的基因。

这也与伯恩和怀腾(Byrne and Whiten,1988)提出的"马基雅维利式智力"概念有关,这个概念是以意大利文艺复兴时期的外交官马基雅维利命名的,他认为不择手段在政治中是必要的。它也被称为"社会脑假说",因为它并不完全表明在我们的智力发展中起作用的是诡计,而是社会复杂性起了作用。这一理论认为,智力的进化源于个体对地位和繁衍机会的竞争,那些更能驾驭社会复杂性的早期人类更有可能繁衍后代。

不仅食物作为交换工具有助于提高智力,而且寻找食物的过程也可能有助于发展我们解决问题的能力。2002 年,罗宾·邓巴(Robin Dunbar,生于 1947 年)提出,早期人类很可能是食果动物,就像现代黑猩猩一样。因此,他们必须了解不同的水果何时成熟,掌握判断它们何时成熟的方式,并提前计划收获食物和管理物资。他们必须走更远的路才能找到他们需要的成熟水果。食叶动物则不必如此仔细地考虑他们的食物来源,因为树叶的数量充足,也更容易获得。

大脑的连接

脑部扫描技术进一步推进了我们对大脑的生理因素与智力之间联系的研究。海尔等研究者(Haier et al.,1988)在受试

罗宾·邓巴认为,就像现代黑猩猩一样,我们的祖先可能用他们的智力来监测应季水果何时成熟。

者执行抽象推理任务和视觉功能任务时,使用 PET(见第 22 章)测量他们的大脑活度。研究者发现这两项任务都激活了大脑的右半球,但对左半球的影响不同。一些测试得分最高的受试者大脑活度最低。这表明,影响测试成绩的可能是神经回路的效率或密度,而不是大脑活度本身。

然而,对大脑活度的研究因缺乏精确性而受到批评。神经传递,即神经元之间的交流发生得非常快,需要以毫秒为单位进行测量,才能创建大脑活度的精确图像。像这项研究中使用的 PET 技术通常会在 30 分钟的时间窗内跟踪大脑中的活动。即使是可以在更短的时间内跟踪大脑变化的现代 fMRI 技术,也只能测量血液流动情况。因此,虽然它们可以显示血液在大脑中的流向,但它们并不能跟踪神经元的实际活动。

遗传因素

尽管测量和分离与智力有关的遗传因素很困难,但确实有令人信服的证据表明遗传因素会影响智力。双胞胎研究在研究遗传的作用时特别有帮助,因为它为我们提供了一种研究自然克隆的方法——研究同卵双胞胎。研究人员发现,同卵双胞胎的智商比异卵双胞胎的更接近。有人可能说,这种关联是由双胞胎所处的环境导致的。也许他们是在类似的环境中长大的,实际上是他们的成长环境导致了智商接近。然而,即使双胞胎是分开长大的,这种关联依然存在(Bouchard and McGue, 1981)。这表明,在这些情况下,遗传因素比环境因素在智力的发展中发挥的作用更大。

2018 年,通过社会科学遗传学联合学会(Social Science Genetic Association Consortium,简称 SSGAC),一组研究人员合作分析了 110 多万名欧洲裔个体的数据。这些人允许研究人员对自己的 DNA 进行测序,并提供了包括受教育程度在内的个人数据。这使得研究人员能够分析受教育程度和某些遗传标记之间的关系,结果发现与大脑发育过程和神经元间交流相关的基因与较高的学术成就相关。尽管这种关联应该谨慎看待,并且无法解释为什么存在这种关联,但有趣的是,研究发现,11% 的受教育程度差异可能与遗传有关,而只有 7% 可能与家庭收入有关。

社会经济因素

环境因素与智商测试成绩之间存在关联。研究发现,社会经济地位和父母收入会影响儿童的智商测试成绩,收入增加与智商测试成绩提高相关(Bouchard and Segal, 1985)。但很难就这样将遗传因素和环境因素分开，因为没有办法确定遗传是否会影响人们的收入或社会经济地位。

唯一更有说服力的方法是比较那些与基因上的近亲分开并被置于不同环境中的人，从而将遗传因素与环境因素分开。在这种情况下，研究对象是被收养的儿童。在戴恩等（Duyme et al., 1999）的一项研究中，在 4 岁时被收养的法国儿童彼时智商相近，他们被安置在经济地位低、中或高的家庭中。9 年后，研究人员发现，三组儿童的智商都有所提高，但经济地位低的家庭和地位高的家庭的儿童的智商有 12 分的差异。这表明，养父母的社会经济地位，也就是抚养孩子的环境，肯定会对儿

同卵双胞胎可以用来研究基因和环境之间的相互作用。NASA 宇航员斯科特和马克·凯利（Scott and Mark Kelly）参加了一项关于长时间太空飞行对身体影响的研究。斯科特在国际空间站的 342 天里接受了监测，而他的同卵双胞胎兄弟马克则在地球上接受了监测。通过对这对双胞胎的比较，研究人员可以看出哪些身体变化可能是自然发生的，哪些是由于身处太空而发生的。类似的方法也可以应用于心理学，如研究一出生就被分开抚养的双胞胎。

童的智商产生影响。

心理学家尼古拉斯·麦金托什（Nicholas Mackintosh，1935—2015）在他2011年出版的《智商与人类智力》一书中指出，许多环境因素与智商有关，如父母的社会经济地位、出生时的并发症、营养、家庭规模、出生顺序和受教育程度。然而，他明确指出，这些因素可能不是影响智商的原因，在某些情况下，可能是孩子的智商影响了父母的行为，而且遗传仍然可能与其中一些因素有关。

第35章

动物智力

跨越拥有不同价值观的人类文化来测量智力已经很困难了，研究动物智力要面临的挑战就更大了。动物可能不会表现出或需要我们人类所划分的智力类型。为了解决这个问题，我们将着眼于一些心理学家认为可以表明动物认知能力的特征，如大脑尺寸、自我识别和解决问题的能力。

区分智力和条件反射

当动物表现出人类的特征或表现出娱乐性的行为时，人们很容易认为它们是聪明的。当动物被教导表演时，我们可能会认为它们必须聪明才能响应主人的要求。然而，它们只是因操作性条件反射而做出了反应，这是我们在第12章中讨论过的一种学习理论。动物有时会让我们惊叹，因为它们能够展现出我们通常认为人类独有的解决问题的能力。

例如，聪明的汉斯是一匹马，20世纪初，它因被认为具有数学能力而在德国成名。聪明的汉斯似乎不仅能使用加减法，还能计算分数。它会通过拍蹄子来传达自己的答案，例如，要给出答案4，它会拍蹄子4次。汉斯和它的主人游历了德国，给公众留下了深刻印象。有人猜测，汉斯的主人威廉·冯·奥斯顿（Wilhelm von Osten）暗中向汉斯提供了答案，但当威廉邀请公众向汉斯提问时，它仍然回答正确。公众对此感到惊讶。

然而，当心理学家卡尔·斯图姆夫（Carl Stumf, 1848—1936）和他的同事进一步调查时，他们发现汉斯确实表现出了一种智力，但不是数学类型的。他们给汉斯戴上了眼罩，让它只能看到正前方的人。他们发现，如果它能看到等待答案的人，那么它给出的 89% 的答案是正确的；但如果汉斯看不到等待答案的人，那么只有 6% 的答案是正确的。汉斯学会了从人类的肢体语言和面部表情中提取细微的线索，以判断它何时接近正确答案，在这个时候，它会更慢地拍蹄子，然后在等待答案的人无意中提示它已经给出正确答案时停止。

汉斯展示了一种可能对群居生活的马非常有用的智力：从其他成员的肢体语言中提取社会线索的能力。我们现在知道，许多动物能够对人类同伴的非语言交流做出反应，特别是那些群居生活的动物，这种技能对它们是有利的。这就是为什么在训练缉毒犬时，缉毒犬及其训导员都必须不知道毒品在训练场景中的藏匿之处，这样训导员就不会无意中向缉毒犬提供藏匿毒品之处的线索。在研究动物的智力时，不要将它们的能力与人类的能力进行比较，而是要考虑哪些形式的智力对它们及其所处的独特环境可能有用，这一点很重要。

动物的马基雅维利式智力

生活在大型社会群体中的物种有许多潜在的认知需求。它们可能需要识别并区分大量的个体，记住群体中的每个成员的地位，以及谁与谁有亲戚关系。它们可能还需要与自己所在群体的其他成员结成联盟，以提高自己的社会地位，甚至欺骗其

无畏的心理学

1904年，德国的"会思考的马"——聪明的汉斯在柏林接受测试。

他成员以获得优势。

　　心理学家会使用马基雅维利式智力来衡量动物智力。如第34章所述，马基雅维利式智力描述了个体使用诡计的能力，甚至仅仅是一种操纵社会情境以从中获利的能力。该理论认为，聪明的社会性动物会发展出操纵和欺骗其他成员的能力。它表明，在灵长类等物种进化过程中，大脑尺寸的增加是由群体活动和理解复杂关系的需要所驱动的。例如，恒河猴生活在复杂的社会中。它们的等级制度复杂而持久，女性亲属之间的社会纽带可以跨越几代。成员会不断通过无情的侵略、裙带关系和复杂的联盟来争夺高社会地位和随之而来的权力。

第 35 章　动物智力

能够表演戏法和看似能遵循指令并不一定是动物智力的标志，而反映的是操作性条件反射的效果。

战术欺骗

进行战术欺骗的能力表明了对其他成员心理状态的认识，因此许多心理学家认为这是一种对物种智力的衡量指标。1994 年，理查德·伯恩（Richard Byrne）研究了大猩猩的交配行为，发现处于从属地位的雄性大猩猩会和有生育能力的雌性大猩猩"偷情"，而按照大猩猩的群体规则只有阿尔法雄性（最强大的雄性）才能和这些雌性交配。处于从属地位的雄性大猩猩没有使用蛮力来战胜对手，而是通过战术欺骗增加了基因遗传给下一代的可能性。

结成联盟

另一个衡量智力的指标可能是结成联盟的能力，当生活在大型社会群体中时，这种能力可能比体力更有用。1997 年，

恒河猴生活在复杂的社会当中。

理查德·康纳（Richard Conner）指出，在瓶鼻海豚中，联盟的结成可能比在任何其他非人类物种中的更为复杂。他还指出，在复杂的社会群体中存在压力，在这些群体中，成员处于社会竞争中，但也相互依赖以获得支持和保护，这可能是哺乳动物（如海豚、人类和大象）进化出尺寸更大的大脑的原因。

自我识别

评估动物智力的另一种方法是检验它们识别自身的能力。人类和一些非人类灵长类动物在大约两岁时就发展出了这种能力，而在其他聪明的哺乳动物身上也可以发现这种能力，如大象和海豚。

1970年，戈登·盖洛普（Gordon Gallup，生于1941年）在黑猩猩身上测试了这种能力，他向圈养黑猩猩展示了镜子，把这面镜子留给黑猩猩们十天。最初，黑猩猩以为镜子里的黑猩猩是另一个体，并对其做出反应。随后，黑猩猩们开始表现得好像意识到镜子里的其实是它们自己。盖洛普进一步测试了这一点，在每只黑猩猩昏迷时，在其额头上画上一个红色印记。他发现，当没有镜子的时候，黑猩猩醒来时很少触摸印记，但当镜子出现时，黑猩猩很快就会注意到印记并做出反应，触摸印记；甚至事后还会嗅手指。这清楚地表明，它们肯定知道镜子里的黑猩猩实际上是自己——它们可以识别自身。

这种能力在许多其他灵长类动物中是不存在的，即使是大猩猩也似乎无法通过这种方式在镜子中识别自身。然而，这类测试存在一个问题，它们需要动物足够关注自己的头上有一个印记，并做出反应。而有些物种可能根本没那么在乎外貌！盖洛普通过在灵长类动物不用镜子就可以看到的身体部位（如腹部或手腕）上留下印记来验证这一想法。其他灵长类动物对不用镜子就能看到的印记确实有反应，这表明它们对镜子测试缺乏反应的原因的确是缺乏自我识别能力。

另外，虽然并不是所有灵长类动物都能用镜子识别自身，但还有其他大型哺乳动物拥有这种能力，如海豚（Reiss and Marino, 2001）、虎鲸（Delfour and Marten, 2002）和大象（Plotnik, 2006）。

使用工具和解决问题

20 世纪 60 年代之前，人们普遍认为人类与其他动物的区别在于我们创造和使用工具的能力。这代表了一定程度的解决问题和创造能力，我们曾认为这是人类独有的。然而，我们现在知道，许多物种，包括非人类灵长类动物、鸟类甚至头足类动物，都会使用工具来解决环境中的各种问题。

珍妮·古道尔（Jane Goodall，生于 1934 年）在坦桑尼亚贡贝国家公园观察黑猩猩时，首次报告了黑猩猩使用工具的情况，她的发现相当著名。她观察到黑猩猩会用长长的像鱼竿一样的草棒从土堆中取出白蚁。这一发现极具启发性，当珍妮的导师路易斯·利基博士（Dr Louis Leakey）听说她的发现时，他说："现在我们必须重新定义工具，重新定义人类，或者接受黑猩猩也是人类。"

我们现在知道，许多物种可以使用工具，并表现出了解决问题的能力。鸟类表现出的解决问题的能力尤其突出。像新西兰啄羊鹦鹉这样的鸟类在第一次尝试时就可以解决简单的谜题，这表明它们并不是简单地通过试错来解决问题，而是在解决问题之前考虑自己的策略（Werdenich and Huber，2006）。当面对被称为"多功能箱"、有四种可能的解决方案的更复杂谜题时，六分之一的新西兰啄羊鹦鹉找到了所有解决方案，其中两种涉及使用工具来解决谜题；五分之一的乌鸦也能找出四种解决方案（Auersperg et al.，2010）。

乌鸦还表现出了完成"元工具"测试的能力，该测试的其中一个任务需要利用一个工具来获得完成任务所需的另一个工具，还需要改造工具以完成任务，如断开棍子的分支，以便其从管子中移除蠕虫（Bird and Emory，2009）。

大脑尺寸

最后，一个普遍的误解是，大脑的尺寸是衡量一个物种智力的指标。如果是这样的话，人类就远不是最聪明的物种，与大象或鲸鱼等大型哺乳动物相比，我们的大脑相形见绌。更明智的做法是比较一个物种的大脑质量与身体质量的比例，因为显然大型动物需要一个较大的大脑来控制维持生命的所有过程。人类大脑的质量往往占我们身体质量的2%左右，这一比例比大象和鲸鱼要高得多，因为它们巨大的大脑与同样巨大的身体相比占比并不高。然而，树鼩的脑体比是所有哺乳动物中最高的，约为10%；而一些蚂蚁的脑体比还要更高，达到了14%～15%。总体而言，物种的相对大脑尺寸确实与我们传统上所认为的聪明有关。

神经科学家还认为，大脑的组织结构比其尺寸更重要。人类大脑新皮质中的神经细胞含量高于其他任何物种，而新皮质被认为是知觉、决策和语言的发源地。

总之，问题不在于动物是否聪明，而在于我们如何定义动物的智力。

第36章

依恋

依恋理论是约翰·鲍尔比于1958年提出的,他是一位精神分析师,研究儿童为什么在与父母分离时会感到极其痛苦。依恋理论现在涵盖了许多不同类型的人际关系,并且用途广泛,包括帮助制订与儿童保育有关的政策。

约翰·鲍尔比

鲍尔比出生在一个伦敦上层中产家庭里,鲍尔比的父母很少陪伴他们年幼的儿子。鲍尔比的父亲是一位顶尖的外科医生,他认为给予过多的关注会宠坏孩子。鲍尔比7岁时被送到寄宿学校,他在那里过得很痛苦,这对他后期的职业选择产生了重大的影响。1928年,鲍尔比毕业于剑桥大学,专业是医学和心理学,那时他还在贝达莱斯和修道院学校做志愿者教师,专门帮助有行为障碍的儿童。

二战期间,在取得精神分析师资格后,鲍尔比曾在英国皇家陆军军医队服役。二战结束后,鲍尔比将一份题为《母性关怀和心理健康》的报告提交给世界卫生组织(WHO),该报告研究了无家可归的欧洲儿童的心理健康状况。在报告中,他提出:"婴幼儿应该感受到和母亲(或一个母亲的永久替代者——一个能持续照顾他的人)之间的温暖、亲密而持续的关系,两者都应在这段关系中感到满足和享受。"这个主要照顾者的重要概念是鲍尔比提出的依恋理论的核心。

鲍尔比认为，儿童与他们的照顾者形成的最早的纽带对他们的一生有着深刻而持久的影响。鲍尔比吸收借鉴了认知科学、发展心理学、进化生物学和动物行为学的观点。他还受到了康拉德·劳伦兹（Konrad Lorenz，1903—1989）的影响。劳伦兹于1935年公布了他最著名的关于印刻的研究发现：幼鹅在关键期会对出现在它们所处环境中的依恋对象产生印刻。

在鲍尔比和如弗洛伊德等心理动力学家的理论出现之前，关于亲子互动的理论主要关注于儿童的存活及其基本的生理需求。虽然听起来难以置信，但在鲍尔比的理论贡献之前，没有人考虑儿童依恋的重要性。鲍尔比的理论填补了这一领域的空白，很好地解释了为什么父母不仅要满足孩子的生理需求，还要满足他们的情感需求。

依恋行为系统

鲍尔比认为，依恋是有助于生存的先天驱力，因为照顾者会抚养并保护孩子。他认为，在进化史上，婴儿发展出了一种普遍需求：当受到威胁或承受压力时，他们要与照顾者密切接触。因为这些婴儿更有可能活到生育年龄，所以这种行为特征逐渐通过自然选择得到了完善并遗传了下去。

鲍尔比将此过程称为"依恋行为系统"。它是一个重要的概念，因为它将人类发展的生物学模型和我们对人类的情绪和人格发展的理解联系了起来。基本上，如果照顾者细心且触手可及，孩子就会感到被爱、安全和自信。他们更愿意社交，与其他孩子一起玩耍，并会探索他们所处的环境。与此相反，如果孩子感觉到照顾者很冷漠或者疏忽大意，他们会表现出焦虑行为，包括疯狂寻找照顾者、哭泣并紧贴着照顾者。这一类焦虑行为将持续出现，直到孩子重新与照顾者建立理想水平的身体和/或心理接触。如果接触是不可能实现的，例如孩子与照顾者长期分离，这种焦虑行为会持续到孩子情绪耗竭。鲍尔比认为，长此以往，将会导致儿童绝望和抑郁。

鲍尔比认为，依恋行为系统是一个笼统的观点，孩子在调节自身依恋行为时会有个体差异。然而，直到他的一位同事玛丽·安斯沃思（Mary Ainsworth，1913—1999）设计了系统的实验程序研究父母与幼儿的分离，人们才真正对这些差异有了更深入的认识。

玛丽·安斯沃思的陌生情境法

20 世纪 70 年代，玛丽·安斯沃思提出了一种研究儿童与其主要照顾者之间依恋的方法，这种方法通常被称为"陌生情境法"。在此之前，研究依恋多采用的是定性方法，例如访谈和观察。在一项关于母爱剥夺的著名研究（"44 名少年窃贼的人格和家庭生活"，1944）中，鲍尔比对照顾者和孩子进行了访谈，还调查了学校报告来确认母爱剥夺是否影响这 44 名伦敦少年做出违法行为。最后他得出结论，母爱剥夺的确产生了影响。

然而，这一类研究有一个主要缺点，那就是建立在主观观点之上。由于鲍尔比自己解释研究的观察结果，所以他可能无意识地选择了与他的假设相匹配的观察结果。玛丽·安斯沃思的"陌生情境法"则剔除了这种主观偏见。

安斯沃思招募了美国中产家庭中 12 至 18 个月大的幼儿来

参加实验研究。实验在装有单向玻璃的小房间里进行，这使她能够秘密观察孩子们的行为。这一系列实验包括 8 个阶段，每个阶段持续 3 分钟。在每个阶段中，母亲、孩子和陌生人被介绍、分离和重聚。安斯沃思和她的同事观察了孩子们的反应并记录了观察到的具体行为。她利用这些观察结果确定了三种主要依恋类型。

- **B 型（安全型）**：大多数处于"陌生情境"的孩子（约 60%）表现出鲍尔比理论概述的行为。当父母离开时，他们感到痛苦；但当父母回来时，他们会主动找到父母，而且很容易被对方安抚。
- **C 型（不安全焦虑/抗拒型）**：部分孩子（大约不到 20%）一开始就不自在，在父母离开房间后变得非常痛苦。当父

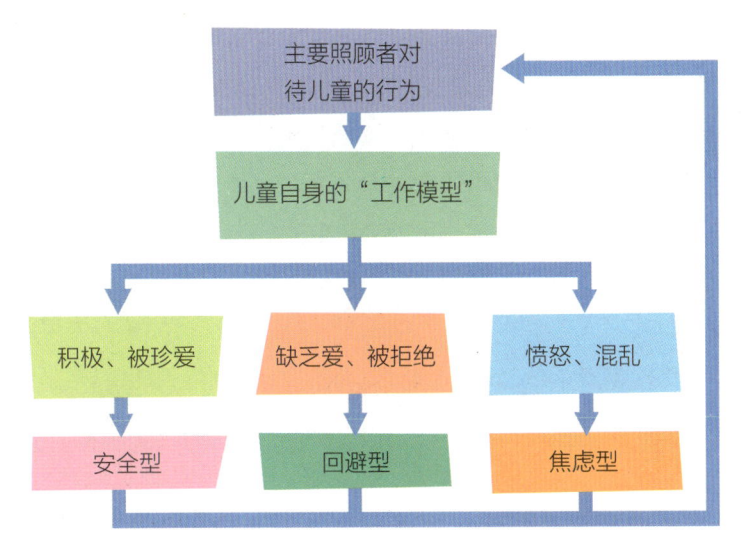

内部工作模型是一种认知框架，包括对世界、自我和他人的理解的心理表征（Bowlby, 1969）。

母回来时，他们很难平静下来，而且经常表现出矛盾的行为，他们一方面想惩罚离开的父母，另一方面又想得到他们的安慰。
- **A型（不安全回避型）**：部分孩子（约20%）与父母分离时没有表现出痛苦，当与父母重聚时，他们会主动回避与父母接触，反而专注于玩实验室地板上的玩具。

后来，第四种被称为"紊乱型"的依恋类型也被提出，大约7%的孩子因为被忽视或被虐待而对照顾者产生了恐惧。在这种情况下，孩子无法信任照顾者，因而在面对成年人时表现出不安和不信任感。这种依恋类型也被称为"恐惧回避型"。

玛丽·安斯沃思研究的重要性在于提供了支持鲍尔比理论的实证。安全型依恋的孩子很可能拥有支持他们、对他们的需求很敏感的父母，而焦虑型和回避型依恋的孩子的父母往往对孩子的情感需求不敏感。这阐述了儿童行为与其生命最初几年亲子互动之间的关系，也许是该研究最重要的成果。

依恋理论的意义深远。无论是对鲍尔比个人，还是对当时的英国来说，意识到跟依恋对象分离，或是在儿童生命最初的关键时期切断这种纽带，可能会给儿童的一生都带来长远的影响，这一点是非常重要的。因为在二战期间，大量的英国儿童被迫与其家人分离。

这些年来，依恋理论在医院和教育机构的应用也取得了巨大的进步。我们现在认识到了给儿童提供照顾和情感安慰的重要性，这也影响了政策制定。例如在缺失主要照顾者时，儿童需要接受早期干预，这改善了全世界成千上万儿童的生活和长期发展状况。

幼猴的情感反应（Harlow and Zimmermann，1959）

20世纪50年代和60年代，哈利·哈洛（Harry Harlow，1905—1991）和他的同事齐默尔曼（Zimmermann）研究了新生恒河猴与其母亲之间如何形成纽带，特别关注了这种纽带是与照顾者提供的生存资源相关，还是与其提供的抚慰相关。该研究支持了早期亲子关系不仅仅要提供生存资源，还有更大的目标的观点。

实验过程是这样的：60只恒河猴在出生后不到12小时就被迫与其母亲分开。它们被放在笼子里，里面有两个人造的替代妈妈。一个替代妈妈是用铁丝缠绕的，并附有一个奶瓶（提供生存资源但不提供抚慰）；而另一个是用布料包裹的，但没有奶瓶（提供抚慰但不提供生存资源）。幼猴与替代妈妈至少一起生活了165天。哈洛和齐默尔曼发现，幼猴从铁丝妈妈那里获得食物后，在一天的大部分时间里都会回到布料妈妈那里寻求抚慰。这表明布料妈妈提供的抚慰比铁丝妈妈提供的生存资源更有吸引力。

接下来，研究人员将幼猴分成两组，一组只安排铁丝妈妈，另一组只安排布料妈妈。

他们发现，所有幼猴都以相似的速度进食和成长，但两组表现大相径庭。据观察，那些由铁丝妈妈抚养长大的幼猴更加胆小，交配困难，与其他恒河猴关系不良，更容易被其他恒河猴霸凌，而那些小母猴长大后也成了糟糕的妈妈。

令人感到安慰的是，他们发现如果在 90 天内重建依恋，这些负面影响是可以被消除的。只有那些与依恋对象分离超过 90 天的恒河猴表现出了持续的行为损伤。

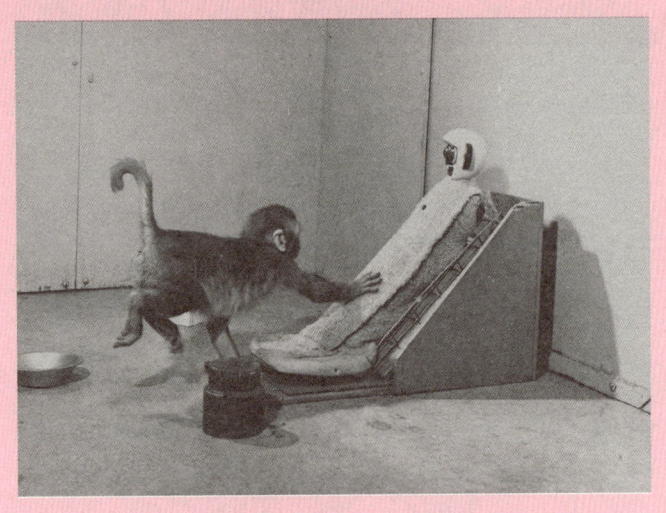

一只恒河猴和人工制作的布料妈妈建立起了依恋纽带。

第37章

语言发展

语言是人类的心灵之窗。人类语言的复杂性推动了技术和社会的进步。通过传统的口头故事,知识和经验可以从成年人传递到儿童,跨越几代人。书面语言更是可以无限期地存储和分享知识。

语言是人类合作以及表达自我的重要工具。在全球范围内,历史上出现过6000多种语言,人类学家研究的每一个人类社会都有复杂的口语。

定义语言

在讨论语言的发展时,我们必须区分书面语言和口语。虽然与语言密切相关,但口语的不同之处在于它被认为是一种本能。事实上,尽管每种文化中都有复杂的口语,但书面语言在大约5000年前才开始萌芽,而且只在少数情况下出现。

口语可以被定义为"一种使用语音来编码意义的代码"。我们在童年时期学习语言是一个复杂的过程,研究发现,儿童必须学习语言的四个要素才能掌握这项本领。对孩子来说,第一个障碍是学习特定语言的发音规则(也称为"音系"),接下来是单词的意义(语义),然后是语法(句法规则),最后是对语言社会背景的更广泛的了解,也就是"语用"。

"人类有一种本能的说话倾向，正如我们从孩子的牙牙学语中看到的那样，而没有一个孩子有烘焙、酿造或写作的本能倾向。"

查尔斯·达尔文

语言的发展阶段

整个人类社会的语言发展顺序似乎是相似的，这也证实了口语的发展是一个先天过程。

这个过程从婴儿一个月大时开始。当婴儿经历愉快的社交互动时，他们能够发出"哦哦哦"的元音，并使用不同的哭泣模式向照顾者表达他们的需求。从这些简单的互动中，婴儿可以开始和他们的照顾者建立对话，并围绕日常生活（如用餐时间和换尿布）发展行为和语言模式。这反过来又在成年人和孩

在电影《星际迷航》中，柯克舰长说"to boldly go...（勇敢地航向……）"时，可能语法不正确。然而，根据通用语言的规则，他的表达是成功的。语法和语言是不同的。他的意图很明确，这句话可以达到交流的目的。

子之间创造了一种"共同节奏"。当父母和孩子密切关注彼此的面部表情和眼神接触时，这些互动也会发生。通过一个重复的过程，孩子对二者共同语言的理解开始发展，父母和孩子都为这个过程做出了贡献。

从6个月到9个月大开始，婴儿经常重复"达达达"或"妈妈"的声音，这被称为模仿言语。这时，婴儿已经开始使用一些更复杂的组合，如元音和辅音的组合。在大约12个月大的时候，婴儿可能会说出第一个单词，但这些单词可能会被误用。婴儿的词汇量的扩展可能还需要3到4个月的时间，通常从18个月时的20个单词迅速增加到21个月时的200个单词。

在24到27个月大的时候，大多数孩子都能够说出包含3到4个单词的短句子，并对语法有了一定的理解。随着孩子们的成长，他们开始使用介词和不规则动词，并开始重新排列句子来提问。例如，像"玛雅和伊莎在游泳"这样简单的句子可以被一个孩子重新排列成"玛雅和伊莎在游泳吗"。

在3到5岁左右，孩子已经有了足够大的词汇量，并掌握了足够的语法来使用复杂的语言。孩子甚至可以同时学习第二种语言，乃至第三种语言。事实上，大脑可以容纳的语言数量可能没有上限，特别是在早期语言发展阶段，大脑似乎会优先发展语言学习功能。在早期发展中，似乎有一个关键时期是语言发展的高峰期，一般来说，随着年龄的增长，人们掌握新语言的能力会减弱。

语言和大脑

我们对大脑中的语言发展机制仍然知之甚少。但很清楚的是，大脑中有一个系统在两个大脑半球共同工作来让人们习得和使用语言。这一机制的核心（虽然不是排他性的）是两个与左半球相关的专门语言区域，称为韦尼克区和布罗卡区。

1874年，德国神经病学家卡尔·韦尼克（Carl Wernicke，1848—1905）首次发现了韦尼克区。他研究了那些不明白别人在对他们说什么的患者。这些患者能够说话，但他们说的话毫无意义。这些患者去世后，韦尼克解剖了他们的大脑，发现他们大脑中位于颞叶、顶叶和枕叶之间的一个区域都发生了病变。这个区域现在被称为韦尼克区，它与理解语言、整合感官信息和协调获取听觉和视觉记忆有关。

1861年由法国外科医生保罗·布罗卡（Paul Broca，1824—1880）发现的布罗卡区与语音产生有关。布罗卡区还调节说话时的呼吸模式。它负责协调用于呼吸的肌肉，如喉部和咽部的肌肉，以及脸颊、嘴唇、下颌和舌头等的肌肉。布罗卡区受到损伤的人可能可以发出声音，但发音不能形成单词。一些布罗卡区受损的人能正确理解单词的用法，但无法说出来；而另一些布罗卡区受损的人可能会说话，但使用了许多不正确的单词。

虽然大脑的这两个特殊区域是理解语言理解和交流的核心，但为了能够读、说和写，大脑的其他区域需要发挥协调作用。例如，如果你要听别人说话，你必须使用听皮质；如果你要读一个单词，你必须查看这些符号，然后使用视皮质来理解这些符号。

由此看来，我们的日常语言交流需要调动大量的神经元和肌肉，这实际上是一种相当惊人的人类能力。关于人类如何掌握语言的理论经常引起激烈的争论，这并不奇怪，因为语言被视为人类独特的宝贵能力。

行为主义和生物学观点

斯金纳认为，语言是通过习得性强化掌握的。他的操作性条件反射理论认为，学习语言就像学习任何新技能一样，语言是通过观察、模仿、重复、试错、奖励和惩罚来掌握的（见第12章）。

著名语言学家和认知心理学家诺姆·乔姆斯基（Noam Chomsky，生于1928年）批评了这种行为主义的观点，并提出了说话和交流的机制是由生物学因素决定的，与生俱来。有趣的是，在缺乏正式教学的情况下，不同文化和背景下的儿童语言发展模式似乎非常相似。也就是说，我们生来就有掌握母语的能力。

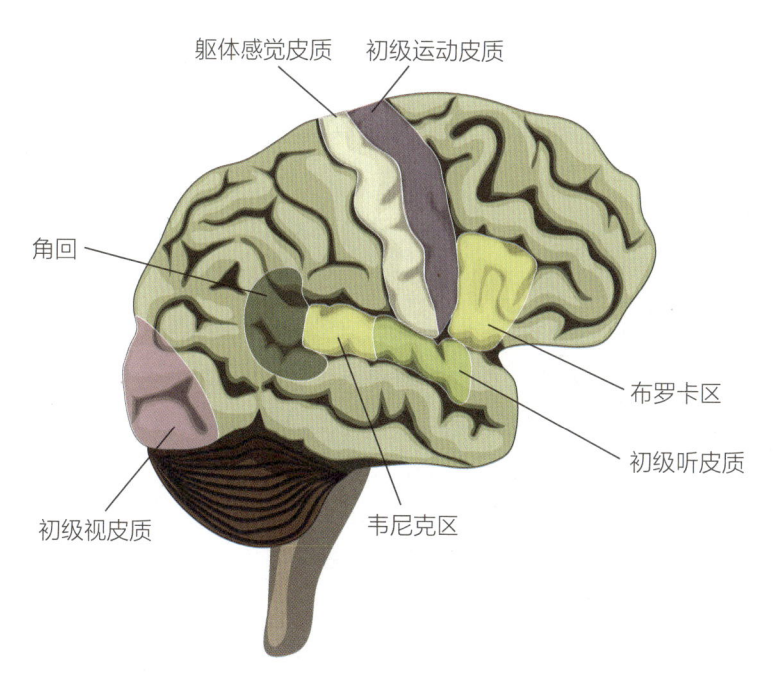

语言发展的两个特定区域：韦尼克区和布罗卡区（大脑的其他区域也会被用来协调交流）。

1951年，美国语言人类学家丹尼尔·埃弗雷特（Daniel Everett）进一步认为，早在200万年前，我们的祖先直立人就发展出了口语。他们有较大的大脑，直立行走，成群生活，并受益于使用语言的能力。

2001年，一项有趣的研究描述了一个被称为"KE"的英国家族的基因突变。在这个家族当中，大约有一半的成员有严重的语言障碍，这种障碍与一种FOXP2基因突变相关。FOXP2是一种与语言能力相关的基因，KE家族中有语言障碍的成员的该基因发生的突变是有缺陷的。此外，对基因突变的研究得出的结论是，在过去20万年内，FOXP2在人类群体中变得固定，这反映了人类语言可能出现的时间。

有趣的是，在其他动物身上也发现了FOXP2。所有的鸟类都有非常相似的FOXP2。例如，斑胸草雀体内的蛋白质与我们体内98%的蛋白质相同，当研究人员改变了圈养的斑胸草雀的FOXP2基因时，它们就无法发出连贯的歌声，这表明FOXP2基因突变同样影响了鸟类的语言发展。

2008年，德国莱比锡的马克斯·普朗克进化人类学研究所的斯万特·帕博（Svante Pääbo）团队从两个尼安德特人（已经灭绝的现代人类的近亲）的骨头中提取了DNA。令人惊讶的是，他们发现尼安德特人有着与我们相同的两种FOXP2基因突变。

这引出了一个深刻而迷人的问题，即口语是否是人类独有的，以及其他物种是否也可能发展出语言。目前，我们只能想象祖先可能曾经与近亲尼安德特人有过对话。

第 38 章

积极心理学

20世纪末，马丁·塞利格曼（Martin Seligman，生于1942年）成为积极心理学的领军人物。积极心理学基于这样一种信念，即我们会努力改善我们的生活，并获得满足感。它关注的是我们的心理优势以及我们如何培养它们，而不是只关注心理疾病或心理异常。

聚焦于繁盛

追求自我提升、美德和自我意识的概念并不新鲜。亚里士多德用"eudaimonia"一词（意为"繁盛"）来指代人类最高的善，并提出一个人要过好生活，应该专注于快乐生活、政治活动和哲学。就现代心理学而言，许多研究者认为，心理学一直主要关注理解心理疾病或异常，为了了解人们如何作为个体实现发展，需要进行"转变"。这就是积极心理学发挥作用的舞台。

"心理学应该像关注修复创伤一样关注增强优势。"

马丁·塞利格曼

承认自由意志

与我们迄今为止讨论过的许多观点相比，积极心理学的一个特殊之处就是承认自由意志。其他观点通常认为，某些不受我们控制的因素影响着我们的行为，比如我们的基因或童年经历。积极心理学则认为，我们拥有自由意志，可以自由选择我们的行为而不受内部或外部力量的支配。积极心理学会假设你今天已经自由地选择了阅读这本书，而你的决定不一定是由外部因素决定的，例如你在之前的阅读中获得了行为强化，或者你通过观察他人阅读受到了社会影响。

美德与卓越的真实性

积极心理学的另一个关键理念是，美德与卓越是值得研究的真实特质。2002年，塞利格曼声称，我们对心理学的研究可能是不平衡的，积极的特质和消极的特质同样真实，同样值得研究。积极心理学的重点是发展积极的特质，如利他和才干。它还关注促成"幸福生活"的因素。2003年，塞利格曼区分了幸福生活的三个不同的方面。

- **"愉快的生活"**：追求积极的情感，并具有放大这些情感的技巧。这包括做一些能让我们在日常生活中感到快乐的事情。
- **"美好的生活"**：识别我们的个人技能和积极的特质，并强化这些技能和特质，以丰富我们的生活。这可能包括拥有一个能让我们发挥自身优势的职业，或者利用我们的技能来建立友谊。
- **"有意义的生活"**：利用我们的优势为更大的公共利益做出贡献，以此获得一种满足感。

塞利格曼认为，通过投身于愉快、美好和有意义的生活，我们可以找到幸福。我们可以通过与他人的积极联系来追求这种生活，这让我们能够增强诸如爱、宽恕和利他等特质。我们可以积极地关注和识别我们积极的个人物质，如创造性、勇敢和谦逊。

> **什么样的人是幸福的？（Myers and Diener，1995）**
>
> 心理学家大卫·迈尔斯（David Myers，生于1957年）和埃德·迪纳（Ed Diener，1946—2021）调查了什么样的人是幸福的。他们对以前关于幸福这个话题的研究进行了文献综述。他们回顾的一项重要的研究是英格哈特对来自16个不同国家、不同年龄的近17万人的调查（Inglehart,1990）。
>
> **年龄和性别：** 年龄和性别似乎对幸福感没有什么影响。所有年龄和性别的人的幸福水平都一样。但是对不同年龄段的人来说，影响幸福的因素不同。例如，随着人们年龄的增长，幸福与社会关系和健康之间的联系更加密切。
>
> **文化：** 不同国家和文化之间的人的幸福水平似乎存在差异。非裔美国人的幸福感几乎是欧洲裔美国人的两倍（Diener et al.，1993）；在葡萄牙，10%的人说他们幸福，而荷兰人中则有40%认为自己幸福（Inglehart，1990）；个人主义文化的人比集体主义文化的人更幸福。这些差异可能是由于各种文化对个人幸福的强调程度不同，这可能

影响问卷结果。

财务状况：调查显示，富有的人实际上并没有更加幸福。《福布斯》富豪榜的一项调查发现，37%的最富有的人甚至不如普通美国人幸福（Diener et al., 1985），而中彩票的人的幸福感只会在短时间内增加（Argyle, 1986）。然而，当人们极度贫乏，对食物和住所的基本需求没有得到满足时，金钱确实会成为影响幸福的因素。

幸福的人的特质：

迈尔斯和迪纳发现，幸福的人也有一些共同的特质。他们有很强的自尊，具有自我控制感，对生活很乐观，而且往往更外向。这种相关性的方向很难确定：可能是有这些特质的人更有可能幸福，也可能是幸福会让一个人更有可能变得乐观和外向。

工作满意度是影响幸福感的另一个因素。迈尔斯和迪纳认为，这是因为工作为我们提供了一种个人身份，一种生活有意义的感觉，一种社群感，且提供了心流。心流是指我们完全投入一种活动，从而使其他事情变得不那么重要。人们留心应对挑战和经历心流时似乎最幸福。

总的来说，迈尔斯和迪纳报告说，人们对外界变化具有适应性，变化的积极和消极影响都会随着时间的推移而减少。人们倾向于达到一个相对稳定的幸福水平。他们还发现，我们的文化态度会影响我们对事件的看法，因此也会影响我们的幸福，拥有目标是幸福的内在因素，财务状况等其他因素只有在影响我们实现目标的能力时才会影响到幸福感。

第39章

正念

在我们忙碌的生活中,我们经常匆忙地度过一天,很少关注我们当前的情绪或感受。我们如此专注于一天的活动和我们周围正在发生的事情,以至于忽略了我们内心正在发生的变化。正念是指充分地活在当下,并觉察到我们的想法和感觉。

正念和冥想

"正念"和"冥想"这两个词经常被互换使用。事实上,冥想有许多不同的类型,虽然正念与这种古老的活动有一些相似之处,但它们在几个关键方面有所不同。正念是一种可以在任何时候培养和练习的品质,无论你有多忙;而冥想则是一种需要投入专门时间的活动。

乔·卡巴-金(Jon Kabat-Zinn,生于1944年)在马萨诸塞大学医学院创立了医学、保健和社会正念中心,他认为:"正念是通过有意识地、不加评判地专注于当下而产生的意识。正念服务于自我理解和智慧。"

所以,冥想更多关注于内在心灵,而正念鼓励我们关注外部环境和我们的感觉。它不是要让我们的心灵不受外部影响,而是要我们接受和认识到外部影响。

此外,正念可以包括冥想,但不是必须包括。它可以在进行任何活动时，以非正式的形式练习，比如正念散步、吃饭，甚至洗澡。如果在进行这些活动的同时，你有意识地觉察到自己的想法，专注于当下，并意识到你的感受，那么你就是在正念状态下进行这些活动的。与之相比，冥想包括正式的专门训练，你不能同时进行任何其他活动。因此，虽然正念和冥想在许多方面相互补充和重叠，但也有一些重要的区别。

正念通过打断我们不停歇的思维，让我们回到当下，从而促进心理健康。当我们感到焦虑或不知所措时，我们的思维可能呈现出一种周期性，即不断地重新评估同样的想法，陷入毫无益处的思维模式。通过正念，我们可以识别并承认这些思维模式，并让我们的思维从中喘口气。任何人都可以利用正念来更深入地了解自己的精神状态，正念也被发现有助于缓解焦虑或压力——它已被英国国家卫生与临床优化研究所（NICE）

正念可以在任何地方练习，无论是在宁静的房间，在公园，还是像图片中一样在湖边。

认可和推荐用来治疗抑郁症。

正念疗法

正念可以与其他更正式的心理疗法一起应用，例如正念认知疗法（MBCT），它将正念与认知行为疗法（CBT）中使用的成熟技术结合起来。传统上，CBT试图修改人们不切实际的想法，即我们思维的内容。MBCT也旨在改变思维的相关过程。

这项技术已被证明是有效的。例如，蒂斯代尔等（Teasdale et al.，2000）发现，MBCT对治疗抑郁症复发的患者是有效的。在他们的研究中，145名抑郁症复发患者被随机分配接受常规治疗（TAU）或接受TAU再加上8节MBCT课程。他们在60周之后再次评估了患者的抑郁程度，发现MBCT大大降低了那些抑郁症发作过3次或3次以上的患者的复发风险。

正念的非正式练习

正念的一部分吸引力就在于开始练习它非常容易。事实上，你可以现在就开始。你可以从你的脚开始，专注于你的脚踝在地板上的感觉，或者你的袜子给你的脚带来的触觉。专注于这种感觉几秒钟，然后你可以逐渐将你的意识上移，注意身体上任何感到紧张的区域、皮肤的温度，或是吹动头发的微风。如果有声音打扰你，给这些声音几秒钟的注意力，然后把你的注意力移回你的身体。同样，如果有其他想法分散你的注意力，你也可以给它们短时间的注意力，然后让注意力回到你专注的部位。请记住，正念的目的并不是要消除我们不想要的想法，而是要让我们认识到它们是什么，不再纠结于它们。如果你发现自己盯着过去的事件不放，或者对你无法控制的未来事件感到焦虑，正念就特别有帮助。

正念的便捷性也是其吸引力的一部分。无论你在做什么，你都可以练习正念。例如，如果你在洗澡，你可以专注于水的温度和水冲击瓷砖发出的声音。然而，要真正从正念的生活中获益，你应该定期做练习。有些人确实会更正式地进行正念冥想，每天或每周几天留出时间安静地打坐，练习控制自己的思维。

第40章

应用心理学

应用心理学的研究对象是人类行为中的问题和解决这些问题的方案。它的研究领域多样,包括健康问题、咨询服务、临床心理学,甚至犯罪心理学。应用心理学建立在其他章节中讨论的基本理论之上,并专注于这些理论在现实世界的应用。

应用心理学利用心理学的基础理论得出的研究证据,为个人在日常生活中所面临的问题提供解决方案。

临床心理学

赖特纳·韦特默(Lightner Witmer,1867—1956)于1896年在宾夕法尼亚大学建立了世界上第一个心理诊所。1908年,他出版了《心理学临床》杂志,记录了10年的研究和教育实验。通过这份出版物,他开创了一个新的心理学领域,他的设想确立了接下来几十年临床心理学的发展方向。

大约在同一时间,在大西洋彼岸的巴黎,法国心理学家阿尔弗雷德·比奈和泰奥多尔·西蒙正在开发供法国学校使用的智力测试(另见第30章)。法国政府担心一些学生无法适应学校教育。因此,比奈和西蒙开发了比奈-西蒙测试,这是教育系统中最早使用的智力测试之一,用来帮助改善对法国学龄儿

第40章 应用心理学

童的教育。

除了教育,应用心理学还关注了其他领域,包括犯罪心理、如何提高工业产出等。应用心理学的研究领域反映了当时的社会问题,研究人员致力于找出相应的解决方案。随着人们越来越关注对心理疾病的预防与治疗,临床心理学的研究领域不断扩张,治疗方法也在不断发展。

这引发了对恐惧和攻击性及其如何影响犯罪行为的研究。鲍尔比将他的母爱剥夺理论应用于对44名少年的研究中(见第36章),以解释他们的行为。这是在认识到儿童发展如何影响其成年生活,并带来潜在负面后果方面迈出的一大步。

英国心理学家汉斯·J. 艾森克(Hans J.Eysenck,1916—1997),在《犯罪与人格》(1964)一书中着重探讨了在某些人

对美国西部电气公司霍桑工厂的研究调查了环境和社会条件对生产力的影响。它以"霍桑效应"而闻名,即当研究人员监督或观察工人时,工人的工作会变得更高效。

格类型中攻击性行为的生物倾向性。虽然他的方法今天已经被弃用，但该方法植根于循证实践和治疗原则的应用。治疗这些极端人格，而不仅仅是惩罚犯人，无疑对现代社会有积极的影响，可以让人格障碍患者更好地在社会上生存。

工业心理学

随着技术的发展，应用心理学不得不研究社会上新的心理压力和工作方式。例如，第一次世界大战导致军事工业家呼吁心理学家研究如何提高工业产出。

1929年至1932年，埃尔顿·梅奥（Elton Mayo，1880—1949）在芝加哥附近的美国西部电气公司霍桑工厂研究了工作环境以及员工的选择和管理，以提高工业产出。弗雷德里克·泰勒（Frederick Taylor，1856—1915）研究了工厂的设计，以提高生产力。然而，这些方法通常被认为是以牺牲员工的福祉为代价的。

莉莲·吉尔布雷斯（Lillian Gilbreth，1878—1972）对研究时间和动作，以及如何减少工人的动作数量来提高生产力很感兴趣。她研究了时间管理、

莉莲·吉尔布雷斯，除了对工作场所的时间和动作研究，她还发明了踏板垃圾桶。她那富有影响力的研究奠定了1914年至今工业管理的基石。

压力和员工疲劳等问题。1914年,她写了《管理心理学:精神在决策、指导和实施最少浪费方法中的功能》一书,这本书在工作场所的组织管理方面具有很大的影响力。她在其他方面的创意如今仍然存在于日常生活中,包括安在冰箱门内侧的架子以及踏板垃圾桶。

大约在同一时间,1915年,埃莉诺·克拉克·斯拉格尔(Eleanor Clarke Slagle,1870—1942)组织了第一个针对作业治疗师的教育项目,因此使工作场所的应用心理学合法化。

太空心理学

第二次世界大战结束后,载人航天飞行技术迎来发展。工程师们担心太空飞行那隔离的极端环境对即将成为第一批宇航员的飞行员造成生理影响。因此,NASA应用了工业选择和管理的技术,并将它们发展到了一个新的水平。候选人接受了心理测试,测试了压力反应、群体行为和解决问题的能力,以确定其是否有"合适的特质"。7名战斗机飞行员被选入水星计划,其中包括艾伦·谢泼德(Alan Shepard)。他成为第一个进入太空的美国人,后来又登上月球。

然而,NASA之后不得不重新考虑宇航员选拔流程,因为在执行阿波罗14号任务时,谢泼德偷偷携带了一根高尔夫球杆,成为第一个在月球上打高尔夫球的人。不幸的是,这一行动是以放弃收集重要的岩石样本或派一名地质学家(他们只在阿波罗计划最终的任务中才这样做)去进行重要的科学工作为代价的。

NASA很清楚地认识到,宇航员选拔流程需要改变。NASA彼时着眼于火星和深空探测,便希望根据对隔离的反应和群体动力学来选拔宇航员。随后在 20 世纪 80 年代末和 90 年代初，生物圈计划中开展了一系列的精彩实验，这些实验导致了受试者群体的分裂和完全的社会崩溃。这向 NASA 证明，解决前往火星的宇航员的心理问题可能比解决技术问题的挑战更大。

心理学的应用

应用心理学有着广阔而迷人的研究领域，从工作和日常生活，到理解犯罪行为，再到为未来不同的人类社会发展方向做

阿波罗 14 号的指挥官艾伦·谢泼德在月球上打高尔夫球。当时 NASA 根据候选人的军事背景和作为战斗机飞行员的能力选拔宇航员，这些筛选条件被作家汤姆·沃尔夫（Tom Wolfe）称为"合适的特质"。现代航天任务会选择具有"合适的综合素质"的宇航员，要求宇航员拥有更广泛的科学和人际交往技能，这是进入国际空间站（ISS）和执行深空探测任务所必需的。

第 40 章 应用心理学

准备。这些领域以 19 世纪和 20 世纪发展的理论为基础，将生物学、心理动力学、行为和认知理论应用于解决现实世界的问题。后面的章节包含了应用心理学的一些关键领域，其中心理学的多个分支被用来解释一些特定的主题，例如压力反应、隔离和犯罪行为。

第41章

压力

美国生理学家沃尔特·坎农（Walter Cannon，1871—1945）是第一个研究身体对压力的生理反应的人。在20世纪初，他提出，当我们接触到我们认为是威胁的刺激时，身体会产生一些反应，例如心率加快或呼吸急促，他称之为"或战或逃"反应。

虽然我们通常认为压力感是一种负面情绪，但我们对压力的生理反应实际上是适应性的。它帮助人类的祖先准备好对抗他们所处环境中的压力源，让他们的身体准备好战斗、逃跑或追逐。在当今时代，我们遇到的许多压力源不能用生理反应来解决，这导致在某些情况下，原本有利于我们的压力反应变成了障碍。在本章中，我们将更详细地探讨我们面对压力时的生理反应，社会环境如何影响我们的压力体验，以及个体差异如何导致不同的人以不同的方式应对压力。

压力的类型

大多数形式的压力都可以分为三种，而且每一种都会以不同的方式影响我们。

- **急性压力**：这是最常见的压力形式。它指的是急性的压力源，通常是具体的事件，例如即将到来的工作截止日期或考试。
- **偶发性急性压力**：这是反复出现的短期压力。例如，在上班的路上堵车了。
- **慢性压力**：这种压力会持续很长时间。它可能是由难以管理和解决的压力源造成的。例如，贫穷或持续存在的人际关系问题，这让个体感到没有出路。

我们对压力有不同的生理反应，这取决于我们面对的是短期（急性）压力，还是长期（慢性）压力。

面对短期压力的生理反应

短期压力激活了交感-肾上腺髓质系统，它始于下丘脑，刺激我们的身体释放激素来诱发或战或逃反应。下丘脑是大脑中心的一个区域，它调节体温等身体状况，也控制激素的释放。当下丘脑检测到我们环境中的压力源时，它会向交感神经系统发出信号，来与肾上腺髓质进行交流。肾上腺髓质是肾脏上方肾上腺的一部分。然后，肾上腺髓质将肾上腺素和去甲肾上腺素释放到血液中，它们刺激与压力相关的生理反应，如心率、血压升高和瞳孔扩张。

面对长期压力的生理反应

在长期压力下，人体激活的是下丘脑-垂体-肾上腺系统。它也始于下丘脑，也会识别压力源并刺激激素分泌。然而，它不与肾上腺髓质进行交流，而是激活肾上腺皮质，即肾上腺的外层组织，肾上腺皮质会将激素皮质醇释放到血液中，而皮质醇会通过从肝脏释放储存的葡萄糖和抑制免疫系统来影响身体。

下丘脑

心率加快

支气管扩张

脉冲

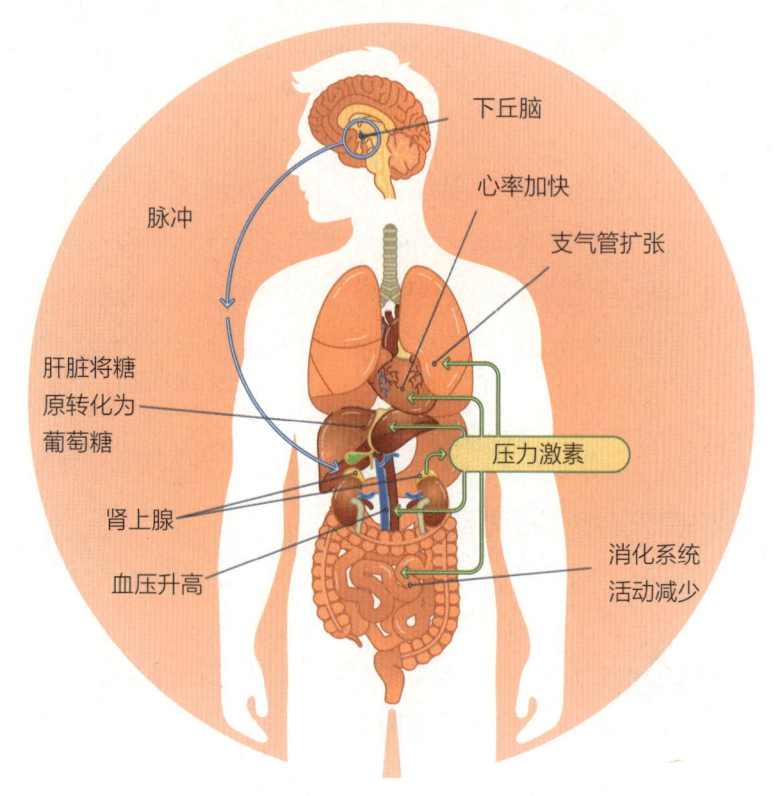

肝脏将糖原转化为葡萄糖

压力激素

肾上腺

血压升高

消化系统活动减少

身体是如何对压力做出反应的？

从长远来看，这些反应可能会对我们的健康产生重大的负面影响。由于免疫系统受到抑制，我们会更容易生病。另外，皮质醇等类固醇激素的变化与记忆困难有关。然而，在我们过去的进化过程中，人们相信这种对慢性压力的反应仍然对我们有用。它能释放我们体内储存的能量，降低我们对疼痛的敏感度，让我们在经历压力事件后身体机能还能继续运转。

交互作用模型

对压力的生理反应最终有赖于我们的大脑将某种情况视为

压力源。有一些先天的反应会诱发压力反应，比如听到一声巨响会让我们心跳加速，但有些压力反应取决于我们对事件的压力的感知。

为了解释这一点，1984年，理查德·拉扎勒斯（Richard Lazarus，1922—2002）和苏珊·福克曼（Susan Folkman，生于1938年）提出了"交互作用模型"，它强调压力是人和所处环境之间的相互作用。人们会对当前客观情况进行初步评估，考虑发生的事件影响是否重大。例如，如果你在家工作，家里有两辆车，那么其中一辆车坏了的影响就可能不是很大；但如果你每天都要通勤，而你唯一的一辆车坏了，那么影响就很大了。在初步评估后，人们还会进行二次评估，以判断自己是否有可用的资源来处理事件。例如，你是否有钱来修理汽车？或者是否有知识和时间自己修车？交互作用模型提出，压力就是感知到的环境需求和感知到的个人应对这些需求的能力之间的"不匹配"。

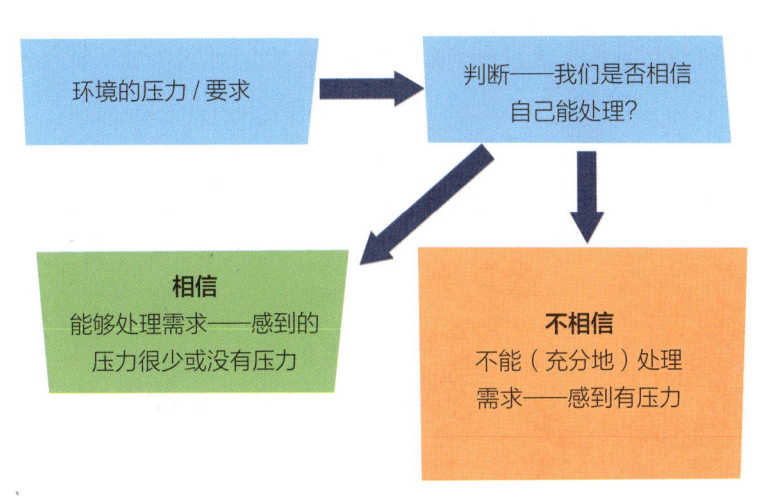

```
环境的压力/要求 ──→ 判断──我们是否相信自己能处理？
                           │
        ┌──────────────────┴──────────┐
        ↓                              ↓
      相信                           不相信
  能够处理需求──感到的              不能（充分地）处理
   压力很少或没有压力              需求──感到有压力
```

交互作用模型提出，我们对压力的反应与我们感知到的自身处理压力的能力有关。

生活变化和日常麻烦

除了对压力源的影响的感知，压力源本身的特质也影响了我们的反应。霍尔姆斯（Holmes）和拉赫（Rahe）是医生，他们注意到，他们所治疗的各种疾病的患者在生病前的两年里经历了许多重大的生活事件。1967年，他们制作了一份调查问卷来评估这些生活事件。

霍尔姆斯和拉赫列出了43个生活事件，包括离婚、配偶死亡、圣诞节和假期，并让参与者给每个生活事件打分，分值被称为"生活变化单位"。他们给结婚设置了50分的基准分值，然后让394人根据感受到的压力大小对各种生活事件进行评分。

然后，他们利用这些结果设计了一份名为"社会再适应评定量表"（the Social Readjustment Rating Scale，简称SRRS）的量表。被公认为压力最大的事件，如配偶死亡或离婚，所得评分很高。压力较小的事件，如圣诞节或假期的评分较低。研究目的是计算总分，以判断参与者目前正在经历多少生活事件，以及他们感受到的压力大小。

SRRS的重要之处在于，它包含了一些被视为愉快的事件，比如圣诞节或结婚，研究者承认这些愉快的事件也可能是累积压力的来源。霍尔姆斯和拉赫还发现了生活事件和疾病之间存在关联。1970年，2684名海军在6到8个月的服役期间参与了一项调查，结果发现，在SRRS上得分越高的人在服役期间患病的可能性越大。

然而，有一些人认为，对我们的健康影响最大的并不是重大的生活事件，反而是最终会平息的一次性事件。此外，当重大的生活事件发生时，我们经常会得到朋友或家人的支持，或者至少可以得到社会层面的认可，即别人也认为我们所经历的事件是具有挑战性的。可能对我们的健康产生负面影响的是那些累积的压力源，这些压力源虽然微小，但往往持续出现，既不被注意到，也得不到支持。换句话说，它们是日常麻烦。日常麻烦可能包括钥匙丢失、交通堵塞或饼干吃完了等事件。

根据拉扎勒斯等在1980年的研究，这些日常麻烦可以通过鼓舞性事件来抵消。鼓舞性事件会让我们感觉很好，比如睡个好觉或得到一声赞美，都会让我们从日常麻烦中解脱出来。坎纳等（Kanner et al.，1981）设计了一份量表来评估日常麻烦和鼓舞性事件，并发现该量表比SRRS与焦虑和抑郁等压力相关问题的相关性更高。

坚韧人格

当讨论我们对压力的反应时，除了生活事件本身的特征，我们也要考虑自身人格的影响。苏珊娜·科巴萨（Suzanne Kobasa）提出了坚韧和"坚韧人格"的概念。1979年，科巴萨研究了企业高管，他们在过去三年里都经历过压力较大的生活事件。科巴萨发现，那些在经历这些生活事件后，报告患病程度较轻者比那些报告患病程度较重者的人格更坚韧。他们在控制、投入和挑战这三方面的得分很高。科巴萨认为，对坚韧的人来说，压力源对心理和生理的影响较小。坚韧人格"缓冲"了压力环境的负面影响，它由以下三个要素组成。

- **控制：** 坚韧的人相信自己可以影响生活事件，并为自己的环境负责。
- **投入：** 他们面对挑战，而不是回避挑战。

坚韧的人和不坚韧的人对比

	一个坚韧的人会……	一个不坚韧的人会……
应对策略	确定压力源的来源； 分析如何解决问题； 将压力源视为一种挑战	避免面对压力源； 参加分散注意力的活动（如喝酒、赌博）； 被压力源压垮
社会互动	接受自己可能需要支持的事实； 寻求朋友和家人的支持，也会为朋友和家人提供支持	感到被朋友和家人伤害和评判； 避免接受或提供支持
自我照顾	努力追求健康的生活方式； 健康饮食； 腾出时间来放松和培养业余爱好	很可能有一种不健康的生活方式； 不优先考虑自我照顾

- **挑战：**坚韧的人认为压力源是一种需要应对的挑战，而不是一种威胁。

因此，如果坚韧的人不认为生活事件是有压力的威胁，而是可以克服的挑战，那么他们的生理压力反应就会减少，对健康的负面影响也不那么严重。

人格类型

迈耶·弗里德曼（Meyer Friedman）和雷·罗森曼（Ray

Rosenman）提出了另一种理论来阐述人格类型对压力反应的影响。这两位心脏病专家研究了他们的患者，注意到有些人在等候室里不能平静地坐着——他们坐在座位的边缘，经常站起来，而不是在放松的状态下坐着。这两位医生将这类人归为"A型人格"。该理论现在包括三种人格类型——A型、B型和C型，它们存在于一个连续区间，而不是彼此独立的。

1976年，弗里德曼和罗森曼发表了一项历时八年半的纵向研究结果，首次提出了相关概念。弗里德曼和罗森曼对3154名中年男性管理人员进行了问卷调查，调查内容包括：

- 如果你利用空闲时间放松，你会感到内疚吗？
- 你需要赢才能从游戏和运动中获得乐趣吗？
- 你通常走路和吃饭都很快吗？
- 你是否经常尝试同一时间做不止一件事？

他们还用一种会引起A型人格个体的压力反应的方式进行问话，比如慢速说话。根据实验参与者的反应和研究人员的观察结果，参与者被分为以下三组。

- **A型：**好胜、雄心勃勃、没有耐心、好斗、说话迅速。
- **B型：**放松、不好胜。
- **C型：**"好人"、工作努力，但面对压力时变得冷漠。

八年后，257名实验参与者患上了冠心病。在这257名男性中，70%已被确认为A型人格。这个人格类型的概念进一步证明了我们对压力的心理反应和经历压力情境对身体的负面影响之间可能存在联系。我们对压力的反应显然是我们的感知和生理之间的复杂相互作用的结果。

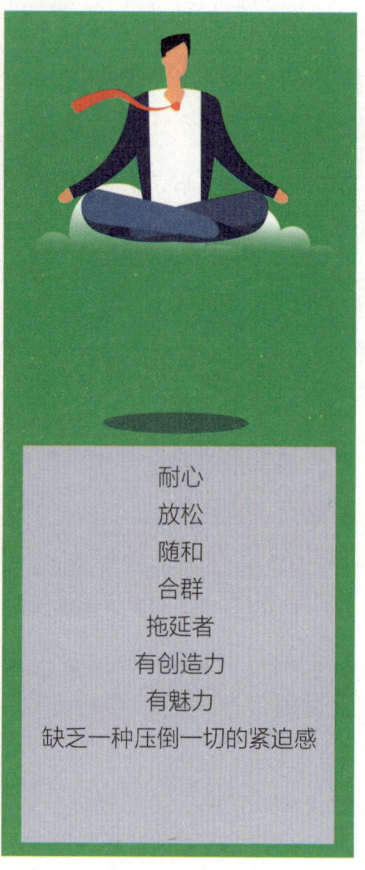

A 型人格	B 型人格
没有耐心	耐心
脾气暴躁	放松
好胜	随和
雄心勃勃	合群
很难放松	拖延者
工作狂	有创造力
被截止日期所驱动	有魅力
压力成瘾	缺乏一种压倒一切的紧迫感
一心多用	
控制欲强	

第42章

隔离

随着新冠病毒在全球快速蔓延,各国政府都在努力应对,史无前例地准备让公众进行隔离,以减缓病毒的传播。这导致大量人口在一段时间内以半隔离的形式生活。

在相关措施实行之前,许多心理学家担心这种自我隔离可能会对人们的心理健康产生影响。心理学界一直在研究隔离的

2020年初,意大利首次实施新冠疫情隔离期间,一名妇女独自在阳台上吃饭。

影响，研究结果表明，它会增加身体健康问题，减少预期寿命。还有一种假设是，焦虑和抑郁会大幅增加，特别是对已在经历孤独、缺乏支持网络、相对脆弱的成年人群体来说。因此，自我隔离被认为是一项必要但代价高昂的决定。

然而，正如我们看到的，尽管我们人类是社会性动物，但在多种因素的影响下，每个人对隔离的反应有很大差异。我们拥有适应能力，这意味着，当面对长时间的隔离时，人们实际上可以出乎意料地适应当前环境。

对隔离的观点

虽然我们中的许多人独自居住，也会自己选择独处，但长期的隔离对大多数人来说是比较不寻常的。然而，在某些情况下，部分人群的心理状态会导致他们变得孤立。抑郁可能会导致人们不与别人交往；而社交焦虑的人可能会选择回避社交场合，因为以前他们有过不愉快、感到有压力的社交经历。某些人可能会表现出社交快感缺乏，这是一种极端的人格类型，这一类人与他人接触只能获得很少的乐趣或根本没有乐趣，并且发自内心地对与他人接触不感兴趣。

前面一些例子源于消极的心理状态，但也有一些人被称为"快乐的内向者"。这些人心理健康，因为积极的原因享受独处。他们可能会通过探索自己的内心从与他人的隔离中获益，或者可能会发现自己独处时更有创造力，并更有勇气去探索自己的想象力。独处的这些积极影响在围绕隔离的讨论中往往被忽视。而隔离与独处的不同之处可能在于，独处是人们自己主动选择的，而不是被迫的。

第 42 章 隔离

关于隔离的研究

一些关于隔离的初步研究开展于 20 世纪 50 年代。位于加拿大蒙特利尔的麦吉尔大学是第一个对隔离进行正式实验研究的大学。

在研究期间,参与实验的大学生志愿者被剥夺了感官输入,并被隔离起来。在实验开始时,研究人员发现,实验参与者会花很多时间睡觉。随着时间的推移,他们会变得无聊和焦躁不安。他们开始制造噪音,而且很难专注于需要完成的任务,比如回忆数字。在极端情况下,一些实验参与者报告自己出现了幻觉。

大多数实验参与者不能忍受这种实验条件,无法隔离超过三天的时间。这些实验是有争议的,也有明显的局限性,但显然隔离的主要挑战之一就是应对单调和乏味。

极端隔离的案例

几百年来,水手和探险家不得不忍受长途航行之苦,以小群体而不是以个人的形式与社会长期隔离。南极洲可能是地球上最孤独的地方,那里没有本土人口,极端寒冷,而且距离其他陆地相当遥远。在 1908 年欧内斯特·沙克尔顿(Ernest Shackleton)的南极洲探险期间,船员们用音乐、戏剧表演和文化庆典来自娱自乐。吃饭是日常生活中的重要活动,他们会花数小时来准备食物。船员们也被观察到更多地喝酒和吸烟,以应对他们所经历的孤独和单调,特别是在南极漫长的冬天。

在沙克尔顿第二次远赴南极洲时,船员们被困在象岛四个半月。烟草耗尽后,他们绝望地抽起了企鹅的羽毛和木头。当救援队到达时,救援人员甚至在上岸接被困的船员之前就向岸

无畏的心理学

上扔了几袋的烟草。

在新冠疫情隔离期间,人们也观察到了类似的趋势。研究显示,近一半的受访者因饮食增加和活动减少而导致体重增加,三分之一的受访者饮酒量有所增加。隔离会导致我们作出可能影响我们身体健康的选择来保持我们的心理健康,这些选择试图保护我们免受孤独带来的具有潜在害处的心理影响。

长时间隔离的影响

米歇尔·西弗尔(Michel Siffre,生于 1939 年)进行了第 43 章所述的生物节律实验,他经历了多次极端隔离。在他参

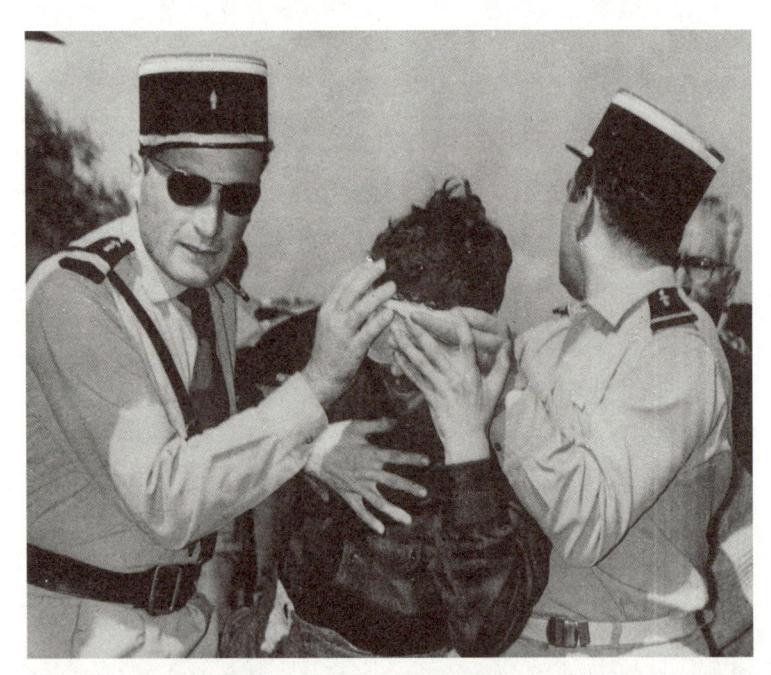

米歇尔·西弗尔结束了他的一次隔离。这张照片拍摄于 1962 年 9 月 17 日,那时他刚刚在法国南部一个地下 122 米的洞穴里独自生活了 9 个星期。他的眼睛被工作人员遮住了,以免受光线的刺激。

第 42 章　隔离

加的最后一次实验中，西弗尔在距离得克萨斯州的午夜洞穴入口 134 米的洞穴里生活了 6 个月。他带了一些精选的书和一台唱片机来打发时间。然而，洞穴里的条件使得唱片机在进入洞穴后不久就坏了，他的书也发霉了，无法阅读。

此时，NASA 已经对西弗尔的实验产生了兴趣，并将此作为他们长期太空飞行研究的一部分。NASA 为其提供了与阿波罗计划中使用的相同的食物，并通过一根电缆监测实验，该电缆会将西弗尔的生物特征数据传输给研究团队。不幸的是，当洞穴周围有雷雨时，这根电缆会向他施加电击，从而增加他的痛苦。

这种完全的隔离导致西弗尔有了自杀倾向，他的精神状态恶化，他进行的能力倾向测试显示，在洞穴里生活期间，他的手部灵活度和记忆功能均有所减退。有些影响是持久的：他的视力变差，记忆丧失，还患上了抑郁症。最终，他离婚了，据报道他逃到了南美的雨林，也许是为了回到隔离的状态。

随着太空新领域的开拓和深空飞行成为可能，NASA 如今正处于隔离研究的前沿。登陆月球的阿波罗计划宇航员都受到了太空隔离造成的严重心理影响（类似于西弗尔）。阿波罗 11 号第一次登月时，宇航员迈克尔·柯林斯（Michael Collins）被称为"历史上最孤独的人"，因为在尼尔·阿姆斯特朗（Neil Armstrong）第一次登上月球时，他（独自）从距离地球约 38.4 万公里的月球背后经过。回到地球后，阿波罗计划的宇航员对他们经历的心理压力有不同的反应。尼尔·阿姆斯特朗隐居起来，而巴兹·奥尔德林（Buzz Aldrin）则陷入了酗酒和抑郁的泥潭。阿波罗计划的许多宇航员的婚姻都破裂了。也许最极端的例子是埃德加·米切尔（Edgar Mitchell），他在太空中体验到了一种"智能",他将其描述为"顿悟",这让他对宇宙着迷。他的余生都在试图理解自己的经历。显然,NASA 未来的太空任务中还有许多需要解决的问题。

在 NASA 准备重返月球和将人送往火星的过程中,已经有几次实验再现了深空飞行任务的心理隔离状态。最近的一个项目是火星 500 计划,由俄罗斯科学院生物医学问题研究所在 2010 至 2011 年主持。

在研究期间,来自几个国家的 6 名参与者在俄罗斯的一个封闭空间中生活了 520 天。一名参与者在封闭期间报告有轻度至中度的抑郁症状。另外两名参与者经历了睡眠－清醒周期紊乱,还有一名参与者经历了失眠和体力耗竭。两名压力最大、最疲惫的参与者牵涉进了与其他参与者和任务控制中心 85% 的冲突中。与 20 世纪 50 年代麦吉尔大学的研究类似,他们也观察到,参与者在清醒时越来越惯于久坐,并且会花更多的时间睡觉和休息。

应对隔离

我们可以从这些研究中学到什么应对隔离的方法?规律生活和维持睡眠－清醒周期(昼夜节律)对我们的心理健康是必不可少的。那些对隔离适应良好的人很早就养成了规律作息,并坚持了下去。我们已经看到,不断有人期望通过食物、娱乐甚至药物来刺激感官以替代通过社会接触获得的刺激。很简单,当我们感到无聊时,我们的心灵需要被某种刺激占据。糟糕的应对策略,比如暴饮暴食,会损害我们的身体健康,而长期的孤独会影响预期寿命。那些在隔离时适应良好的人会找到其他方式来刺激他们的感官,比如阅读、听音乐和创作音乐。

新技术无疑有助于帮助我们应对现代的隔离状态，我们可以上网观看娱乐视频，以及与朋友和家人进行视频通话，从而保持社交。

我们还了解到，隔离所产生的许多心理影响都是短暂的。英国皇家学会的内塔·温斯坦（Netta Weinstein）和阮翠薇（Thuy-vy Nguyen）的研究调查了美国和英国大约 800 名被隔离的成年人。她们在新冠疫情最初几周评估了参与者的孤独、抑郁和焦虑情况，以及他们在隔离结束后的两个时间点的心理健康状况。她们惊讶地发现，参与者的孤独、抑郁和焦虑在自我隔离下并没有增加。某些人格类型的人也可能在隔离期间获得更好的发展，利用新的机会来挖掘他们的创造力或享受远离他人的户外活动。

第43章

睡眠

睡眠是我们日常生活的重要组成部分。一个正常的成年人每晚需要大约8小时的睡眠，而儿童最多需要13小时。为了保持健康，在正确的时间获得充足的睡眠与正常饮食和锻炼一样重要。如果没有睡眠，我们就无法在大脑中创建或维持让我们学习和形成记忆的神经连接，还会影响注意力和反应时间。我们需要睡眠的事实是无可争辩的，但睡眠的目的仍是一个持续争论的问题。

昼夜节律

睡眠是由我们的"生物钟"控制的，这是一种经过数百万年进化而来的生物节律——昼夜节律，它是由24小时的昼夜周期决定的。我们体内的生物钟存在于我们所有的细胞中，但它受到下丘脑中一个被称为视交叉上核（SCN）的昼夜节律起搏器的调节。这是一个由成千上万个细胞组成的核团，它从眼睛接收有关环境光水平的信息，以重置昼夜节律起搏器，从而使睡眠周期与外部环境同步。

视交叉上核控制着褪黑素的分泌，这是一种会让我们感到困倦的激素。当光线变弱时，视交叉上核会让大脑分泌更多的褪黑素，这促进了睡眠；当光线再次变强时，褪黑素水平会下降，

第 43 章 睡眠

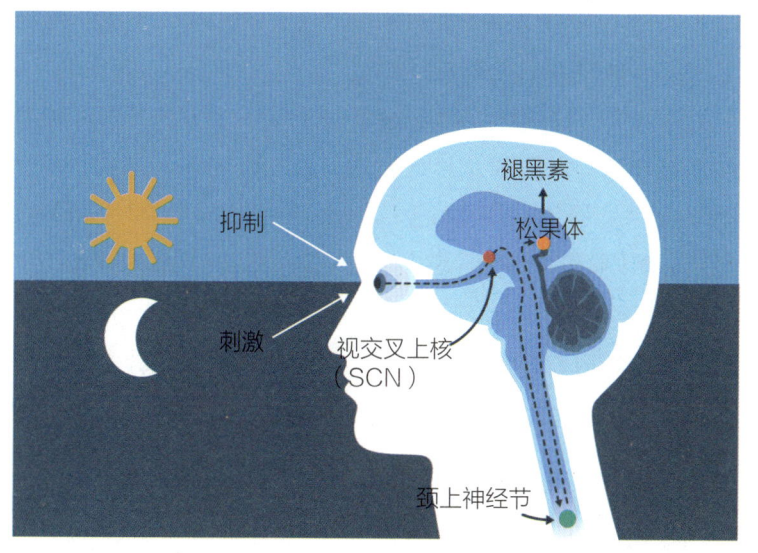

我们的睡眠周期与我们的昼夜节律有关，昼夜节律是由昼夜光线变化控制的。

我们会醒来。与此同时，人体中还存在一种稳态控制，会提醒身体注意能量水平的下降，这通常发生在一天快结束时，所以我们在晚上感到疲倦，进而入睡。

昼夜节律在整个昼夜周期中有高峰和低谷，我们最强的睡眠驱力通常出现在凌晨 2 点到 4 点，以及下午 1 点到 3 点的两次身体能量水平下降期间。我们的睡眠强度也会因我们被剥夺睡眠的程度而有所不同。

"人生如梦，我们短暂的一生，都在酣睡之中。"

威廉·莎士比亚

睡眠类型

睡眠一般可以分为两种不同的睡眠类型：快速眼动睡眠

（REM）和非快速眼动睡眠（有 3 个不同的阶段）。它们都与特定的脑电波和神经活动有关。

威廉·C. 德门特（William C. Dement，1928—2020）是最早描述快速眼动睡眠及其与梦的关系的心理学家之一。1957 年，他和纳撒尼尔·克莱特曼（Nathaniel Kleitman，1895—1999）研究了睡眠阶段，这些阶段共同建立了人类的夜间睡眠模式：

- 1 阶段（非快速眼动睡眠）是从清醒到入睡的过渡。
- 2 阶段（非快速眼动睡眠）是在我们进入深睡眠之前的一段浅睡眠。
- 3 阶段（非快速眼动睡眠）是指深睡眠，能让我们早起感到清爽。
- 4 阶段（快速眼动睡眠）大约首次出现在入睡后 90 分钟。我们的眼球会在闭上的眼睑后面快速地转动。大部分梦出

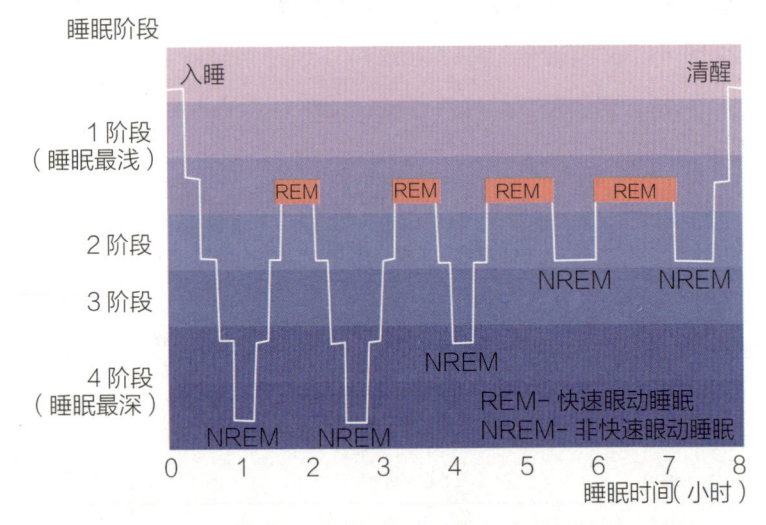

在一个睡眠周期中，我们会不断进入或退出更深或更浅的睡眠阶段。

现在快速眼动睡眠阶段，我们的身体会进入一种类似瘫痪的状态，以防止我们在做出梦中的动作时受伤。

当我们在一个平常的夜晚睡觉时，我们会循环经历好几次包含非快速眼动睡眠阶段和快速眼动睡眠阶段的睡眠周期。在一个睡眠周期快结束时，我们会进入持续很久的、睡得更深的快速眼动睡眠阶段。

即使没有光线等外部提示，控制睡眠的体内昼夜节律也能让人保持有规律的睡眠 - 清醒周期。洞穴探险家米歇尔·西弗尔让自己长时间生活在地下洞穴中。为了研究他的昼夜节律，他避开了所有的外部提示，如时钟和日光，也没有携带无线电通信装置。唯一影响他醒来、吃东西、睡觉时间的就是他体内的生物钟。

1962 年，他第一次在地下停留了 9 周，他在 9 月 17 日重新露面，但他认为日期是 8 月 20 日！这种差异表明，由于缺乏外部提示，他的昼夜节律发生了变化，这使他以为的一天比过去更长，以为度过的日子更少。在后来的研究中，当他 60 多岁时，他确定自己的昼夜节律比年轻时要慢，有时会延长到 48 小时。

虽然昼夜节律可能会偏离标准的 24 小时周期，但它会抵抗睡眠模式的任何重大调整。如果确实发生了重大干扰，生物钟将完全失衡。经历时差的人会敏锐地意识到这种失衡的影响，生物钟可能需要几天或几周才能恢复。

睡眠的重要性

一个多世纪以来，睡眠不足、睡眠质量差的后果已为人所知。最早关于睡眠剥夺的研究是 1896 年在爱荷华大学进行的。三名志愿者在大学的心理实验室中保持了长达 90 小时的清醒。随着睡眠剥夺的时间变长,他们反应越来越慢,记忆力减退,难以保持注意力。其中一个志愿者甚至出现了幻觉,误以为空气中充满了彩色颗粒。

除了不利的心理影响,研究显示,睡眠剥夺对志愿者也产生了生理影响,比如肌肉功能减退、体温下降。幸运的是,经过一晚的良好睡眠后,这些影响得到了逆转,志愿者的健康没有受到长期损害。

一个多世纪的研究表明,长期睡眠不足或睡眠质量差会导致情绪低落、适应能力低下和人际交往能力低下。正如前述研究所示,睡眠问题还会带来生理影响,可能导致高血压、心血管疾病、糖尿病、抑郁症和肥胖等的风险升高。

有一些特殊群体容易出现睡眠质量差或长期睡眠不足的问题。广泛的研究表明,轮班工作的人比平常在白天工作的人睡得差。一项研究发现,受睡眠问题影响最大的是夜班工人,夜班工人的平均睡眠时间比白班工人少 36 分钟。因此,这一群体更容易受到睡眠问题导致的不良心理和生理影响。

1960 年,威廉·C. 德门特认识到承认和治疗睡眠障碍对公共卫生的好处。睡眠障碍是指一组经常影响正常睡眠的功能障碍,包括以下几种。

- **失眠:** 无法入睡或易醒。
- **睡眠呼吸暂停:** 睡眠时呼吸暂停。
- **异态睡眠:** 在睡眠中做出异常动作和行为。
- **发作性睡病:** 突然感到极度疲倦,毫无征兆地入睡。

斯坦福发作性睡病犬类基地

1970 年,德门特开设了斯坦福睡眠障碍诊所,其研究的一个主题是解决发作性睡病和人们在开车时睡着的问题。众所周知,发作性睡病是遗传的,在杜宾犬中发病比例尤其高。德门特在斯坦福建立了一个发作性睡病犬类基地,养了许多品种的狗(它们都是无用的看门狗)。

他们发现,一些患有发作性睡病的狗不会生出患有该病的后代,而杜宾和拉布拉多等品种的狗则会遗传这一特征。这充分表明发作性睡病可能与遗传因素有关。

然而,繁育患有发作性睡病的狗本身就是一个挑战。研究人员莱万娜·夏普(Lewanne Sharp)回忆说:"当雄性狗兴奋并骑上雌性时,它总是会睡着。"这个基地从 1976 年开到了 1995 年,并帮助确认了人类患上发作性睡病的原因。这在识别和治疗睡眠障碍方面实现了一个飞跃。

对杜宾犬的研究有助于揭示发作性睡病这一睡眠障碍可能与遗传因素有关。

该研究还提出了这样一个问题，即睡眠和做梦是否是人类独有的体验。如前所述，睡眠对恢复、记忆和发育至关重要，所以从逻辑上讲，其他动物也需要睡眠。昆虫会经历一段不活动的时期，但没有证据表明它们会睡觉或进入快速眼动状态。西格尔（Siegel）在 2008 年发现，鱼类和两栖动物等会减少它们的神经活动，但不会进入我们定义为睡眠的状态。然而，人们已经在龙蜥蜴和头足类动物身上观察到了快速眼动睡眠模式，这将德门特研究的影响扩大到 5 亿多年来的动物进化。这对于我们研究为什么人类的深睡眠模式会进化以及深睡眠在人类大脑中发挥的功能具有重要意义。

第44章

人格

对人格的探索可以追溯到古希腊哲学家和医师的气质学说。他们认为宇宙由四种元素构成——水、火、土和空气,它们是人类身体的基础,因此也对应人类的四种气质类型。

事实上,希波克拉底在公元前400年创造的术语今天仍然被用来描述气质类型:平和的人被认为有更高浓度的黏液,被描述为"黏液质";乐观的人被认为有更多的血液,被描述为"多血质";抑郁的人的黑胆汁浓度更高,被称为"抑郁质";易怒的人有更多的黄胆汁,被称为"胆汁质"。希波克拉底总结说,不同的人格(气质)类型是由这些体液的平衡造成的。

希波克拉底认为人格具有生物学基础的观点引起了现代理论家的共鸣,这些理论家将情绪和行为与大脑中的化学物质(神经递质),如去甲肾上腺素和血清素联系起来。然而,人格远远超出了情绪和气质能描述的范围。西格蒙德·弗洛伊德的精神分析理论是试图理解思想和人格的最著名的理论之一。

人格的心理动力学解释

精神分析理论的一个基本假设是,潜意识的动机和需求在决定我们的行为方面发挥了重要作用。弗洛伊德提出了几个心智模型,并探讨了潜意识驱力的概念,来解释行为的原因,从而解释人格的发展。

正如第 5 章中详细介绍的,弗洛伊德探讨了在不同的阶段人格是如何发展的,以及童年早期的事件是如何影响人们成年后的行为和个性的。渐渐地,心理学家从弗洛伊德理论转向了一种更人文主义的观点,即认为个人经验在行为决策中更重要,否认人只能沦为潜意识动机的受害者。

人格和生理

与古希腊哲学家相似,许多早期的人格理论家认为,人格是作为不同的"类型"而存在的,而且这种思想根深蒂固,难以改变。例如,1954 年,威廉·谢尔顿(William Sheldon,1898—1977)根据体型将人分为三类,并将这些体型差异与人格差异联系起来。

- **内胚层体型(肥胖而柔软):** 倾向于合群和放松。
- **外胚层体型(瘦削而脆弱):** 倾向于内向和克制。
- **中胚层体型(强壮而结实):** 倾向于好斗和爱冒险。他们在与他人的关系中冷酷无情。

谢尔顿通过研究 400 名男大学生,为他的理论找到了证据。他发现这些学生可以分为三类:1)无不良行为的学生;2)有不良行为的学生;3)有犯罪行为的学生。谢尔顿收集了这些学生的照片,并评估他们更偏向哪种体型。他发现,学生的体型越偏向中胚层,做出不良行为的可能性就越大。

无论谢尔顿的研究结果多么令人信服，我们都必须谨慎看待。首先，谢尔顿只研究了男性学生，这意味着他的发现不能推广到女性群体。其次，我们对什么是"不良行为"的看法在不同的文化和情境下有所不同，也会随着时间的推移发生变化，所以它可能不是一个很好的人格衡量标准。最后，像这样的研究并没有证明因果关系，那些中胚层体型的人可能受到了社会的特殊对待，可能被污名化，这也是他们做出不良行为的原因之一。

人格太复杂了，不能仅仅与体型联系起来。现代的学术观点更加强调各种因素的相互作用，认为人格的差异是由多种因素导致的。

人格因素

现代理论家认为，人格特征是一个连续的区间，而不是会决定人们行为的单独的人格的类型，也就是说，我们每个人都或多或少地拥有某些人格特征。通过将人格放在特征的连续区间上，心理学家可以评估每个人的某一特征的水平，并在人与人之间进行比较。

谢尔顿对三类大学生的体型评级

体型	无不良行为的学生	有不良行为的学生	有犯罪行为的学生
内胚层体型	3.2	3.5	3.4
外胚层体型	3.4	2.7	1.8
中胚层体型	3.8	4.6	5.4

谢尔顿对有不良行为、犯罪行为和无不良行为的大学生的体型评级（范围为1-7）的平均结果。

汉斯·艾森克（另见第 40 章）提出了最著名的人格理论之一，该理论既有影响力又存在争议。艾森克出生于柏林，1934 年搬到了伦敦，并在那里的精神病学研究所创办了心理学系。由于他参与了对种族和智商之间关系的研究，他在心理学界仍然是一个有争议的人物。然而，他对人格的研究提供了一种取代心理动力学的思路，并为现代认知行为疗法提供了基础。

二战期间，艾森克在伦敦的莫兹利医院开始研究人格，他与 700 名在战争中受伤的士兵一起工作。和之前的研究者一样，艾森克设计了一份问卷来衡量人格特征。该问卷第一版开发于 1969 年，1975 年被改编为艾森克人格问卷（EPQ）。

艾森克认为，人格可以通过两个特征的连续区间来衡量：外倾性和神经质。外倾性得分较高的人被定义为外向和擅长社交者，他们可能是冒险者，通常都相当活跃。神经质得分较高者不擅长社交，更容易变得不知所措。

艾森克通过将人格与神经系统的活动联系起来，在他的理

谢尔顿（Sheldon，1954）认为，体型与人格有关：内胚层体型的人有放松和外向的倾向；中胚层体型的人通常是充满活力和自信的；外胚层体型的人是恐惧和克制的。现代心理学已经摒弃了体型决定人格的观点。

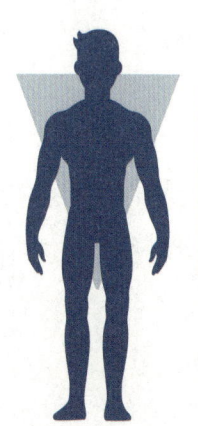

外胚层体型　　中胚层体型　　内胚层体型

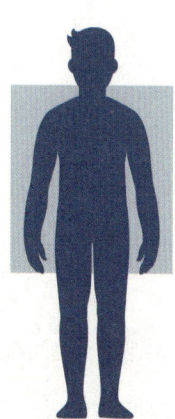

第 44 章 人格

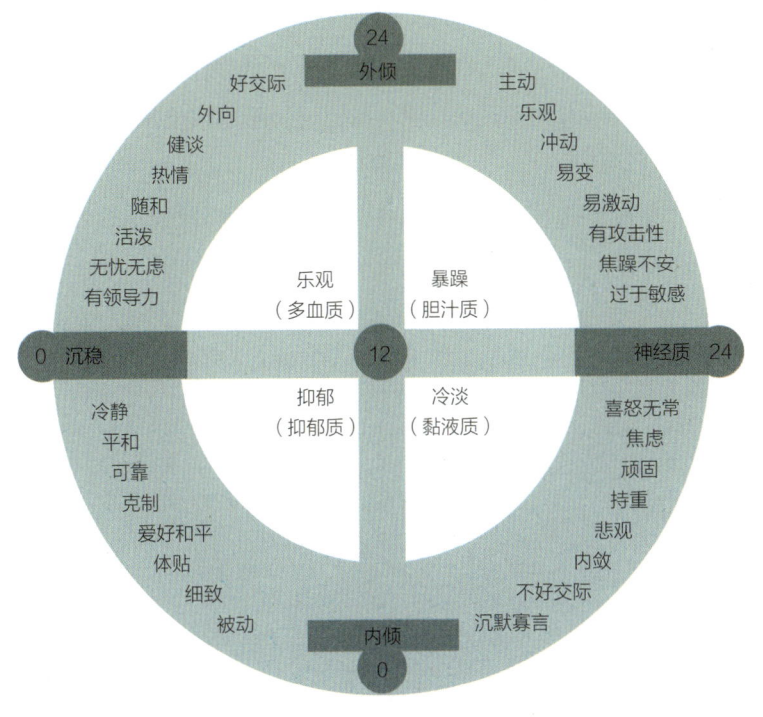

艾森克提出的两个主要人格维度是外倾性和神经质，从每个维度的特征中可以确定四种人格类型。

论中加入了生物学因素。他认为，高度外倾的人的神经系统处于低唤起状态，因此需要外部刺激和兴奋才能感受到情绪唤醒。相反，高度内倾的人有一个过度兴奋或容易唤起的神经系统，所以需要的刺激很少，会尽量避免兴奋或紧张的情况。

后来，艾森克在他的模型中加入了精神质作为另一个维度。他把这一特征与睾酮水平偏高联系起来。那些精神质得分较高的人被描述为以自我为中心、具有攻击性、缺乏同理心和冲动（见第 48 章）。

艾森克的理论得到了一些研究的支持。例如，艾森克本人发现，2422 名男性囚犯的三种人格特征的平均得分均高于对照组。这表明，极端的人格类型可能是导致犯罪行为的一个因素。然而，就像所有相关研究一样，我们不可能确定这些根深蒂固的人格特征是否导致了他们的行为，或者行为本身和由此产生的后果是否影响了实验参与者对艾森克的问卷的回答。

第45章

恐惧

> 恐惧是一种不愉快的情绪,但它能通过集中我们的注意力和提高我们的应对能力来帮助我们应对威胁。恐惧反应可能出现得很快,但一旦威胁过去,恐惧反应就会消退。大脑中与恐惧有关的区域也与学习和记忆有关。考虑到我们并不希望再经历一次令自己恐惧的事件,这一点并不奇怪。

我们必须记住如何避免令自己恐惧的事件再次发生。然而,有些人并没有以我们预期的方式对恐惧做出反应,事实上,他们似乎一次又一次地积极寻找诱发恐惧的情境。

对恐惧的不寻常反应

2017年6月3日星期六凌晨,亚历克斯·霍诺尔德(Alex Honnold)在他的面包车里醒来,他穿上最喜欢的红色T恤,抓起登山鞋和镁粉袋,来到位于加利福尼亚州914米高的酋长岩底部。除了双手和登山鞋,他没带任何装备,就这样开始攀爬壮观的花岗岩壁。

"我不可以害怕。恐惧是精神杀手。恐惧是能带来完全毁灭的小小死神。我要面对我的恐惧。我将允许它穿过我的躯体。

当恐惧过去了，我会转动内心的眼睛，看清它的轨迹。恐惧所过之处，不存一物。只有我会留下。"

弗兰克·赫伯特（Frank Herbert）《沙丘》

1958 年，沃伦·哈丁（Warren Harding）和队友第一次登顶酋长岩，当被问及为什么要攀岩时，他回答说："因为我们疯了！"第一次攀岩十分极限，他们花了将近一年半的时间，最终用机械方法爬上了悬崖。如今，亚历克斯·霍诺尔德正在做一件非常疯狂的事情。他在没有任何保护的情况下徒手攀岩，如果犯了一个小错误，他就会死。这是一项常人难以想象的事业。即使只是看着这么陡峭的悬崖，也会引起大多数人的恐惧反应。当攀岩者身处岩壁上时，他们的指尖因恐惧而出汗、搏动，心也怦怦直跳。他们所处的位置会让人吓得动弹不得。在拍摄霍诺尔德攀岩的过程中，纪录片摄制组非常害怕，他们不得不使用远程拍摄技术与他们所见证的事情保持距离。在 3 小时 56 分钟后，亚历克斯·霍诺尔德爬上了岩壁，完成了这项几乎不可能完成的任务——徒手攀爬酋长岩。

是什么让亚历克斯·霍诺尔德把自己置于如此极端的位置，而不被恐惧所吞噬？恐惧反应包括三个阶段。第一阶段是或战或逃反应，即面对威胁时，身体会被唤起。对恐惧的生理反应包括心率加快、手心汗湿、肌肉紧张和呼吸急促。这种反应进化成为一种生存机制，让动物和人类通过排除威胁或逃到安全的地方，对威胁生命的情况做出迅速的反应。

第二阶段是认知反应，即评估现状并考虑可能的结果。第三阶段也是最后一个阶段是行为反应，即采取行动来排除或逃避威胁。

第 45 章 恐惧

在加利福尼亚州约塞米蒂国家公园（上图），亚历克斯·霍诺尔德独自攀爬酋长岩的"鼻子"线路（下图）。对大多数人来说，恐惧反应会阻止他们尝试这样的壮举。

对威胁的反应机制始于大脑中一个叫作杏仁核的区域。杏仁核被激活后，将感官输入（画面、声音、气味）与恐惧、愤

无畏的心理学

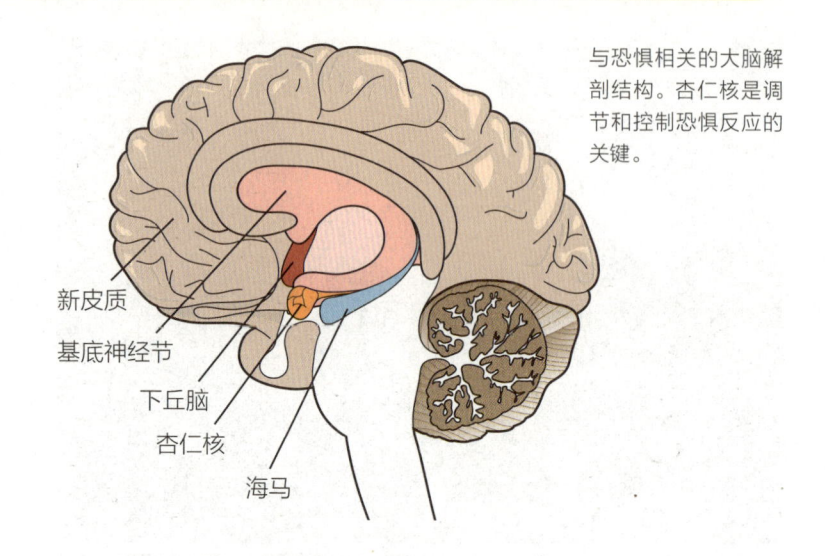

与恐惧相关的大脑解剖结构。杏仁核是调节和控制恐惧反应的关键。

- 新皮质
- 基底神经节
- 下丘脑
- 杏仁核
- 海马

怒等与或战或逃反应相关的情绪。这些危险信号由杏仁核发送到下丘脑，下丘脑则通过交感神经系统（SNS）与身体的其他部分交流。然后，杏仁核会作为控制中心来协调恐惧反应。

如第 41 章所述，身体对威胁的反应主要利用了两个系统。第一个系统应对人身攻击等突然的（急性的）压力源。交感神经系统会传递一种信号，导致肾上腺素被释放到血液中。当肾上腺素在体内循环时，它会带来许多生理反应：心率加快，导致血压升高，为肌肉、心脏和其他重要器官提供更多的血液；为了最大限度地吸收氧气，呼吸频率加快了；血液中也会有更多的葡萄糖和脂肪，以提供或战或逃反应所需的能量。

当压力源不再出现时，恐惧反应就会被自主神经系统（ANS）所抑制。自主神经系统的副交感神经系统可以减缓心率，降低血压。它还能恢复在恐惧反应中关闭的消化功能，帮助个体恢复到正常的觉醒状态。

第二个系统应对长期持续的（慢性的）压力源，如压力大

第 45 章 恐惧

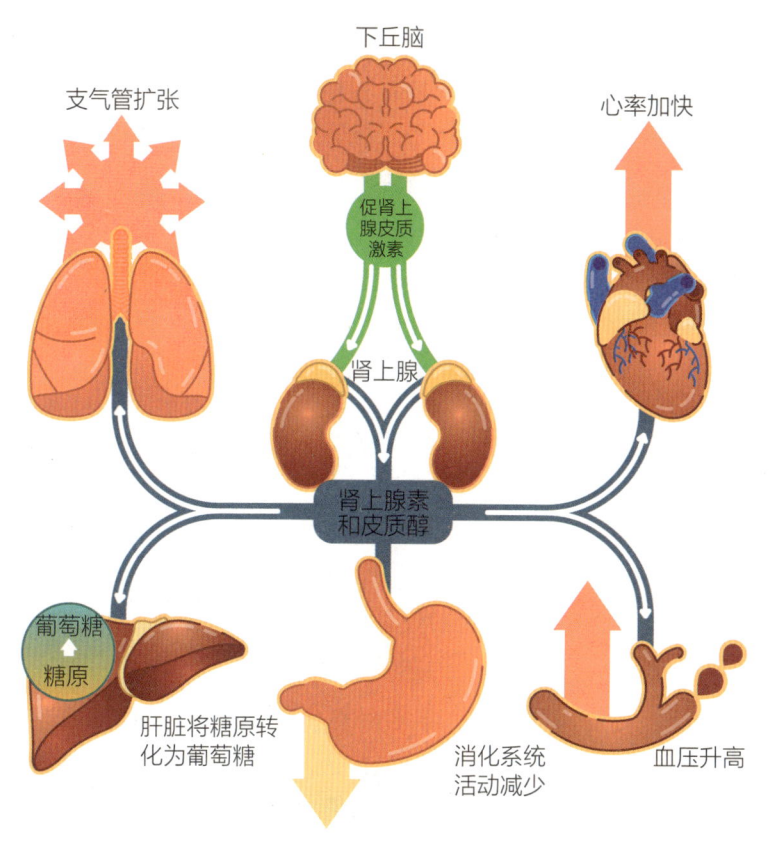

对恐惧的生理反应。在短期内，这使我们能够应对造成恐惧的威胁，但长期的压力和恐惧可能会对健康产生长期不利影响。

的工作环境。如果大脑持续感知到某物具有威胁性，下丘脑就会激活一个压力反应系统，向血液中释放一种激素信号，以维持来自交感神经系统的恐惧反应。然后，各种与压力相关的激素，比如皮质醇，会由肾上腺释放。皮质醇会为人体带来一些影响，这些影响在或战或逃反应中很重要。这就带来了一些好处，如能量的快速爆发和疼痛敏感度的降低。然而，这也有一些坏处，包括认知能力下降和免疫应答水平下降。如果压力反应时间过长，就会导致与压力相关的长期健康状况的恶化。

该系统还具有有效的反馈机制。下丘脑和垂体中的特殊受体会监测人体内的皮质醇水平。如果皮质醇高于正常水平，它们就会降低激活肾上腺的激素水平，使皮质醇水平恢复正常。

恐惧的行为解释

我们应对威胁的方式也可以进行训练或形成条件反射。在第 11 章中，我们介绍了华生和雷纳在 1920 年进行的实验，该实验开启了一个世纪以来对恐惧条件反射的研究。在实验中，研究人员把一只白鼠和一种响亮而可怕的声音联系在一起，诱发了阿尔伯特·B. 对白鼠的恐惧。恐惧条件反射的实验模型是由伊万·巴甫洛夫（1927）的研究进一步发展起来的，他最初研究了狗的食欲条件反射过程，以建立一个条件反射行为的一般模型。

我们对恐惧反应在童年早期的发展过程知之甚少。高等（Gao et al., 2010）进行的一项纵向研究的证据表明，随着儿童年龄的增长，其恐惧条件反射会增加，尤其是在 5 到 6 岁左右。这意味着，我们在童年时的经历可能对调节我们的恐惧反应至关重要。其中的核心是杏仁核的发育，杏仁核是一个小小的杏仁状的核团，位于颞叶深处，是恐惧学习的中心。

恐惧和杏仁核

最近的研究表明，对平静的动物的杏仁核施以电刺激会导致其做出恐惧和/或攻击性的反应。此外，一项研究还用电流刺激老鼠的足部，并将这种刺激与闪光联系起来。杏仁核被破坏的老鼠对足部电击产生了恐惧反应，但它们并没有学会将闪光和对足部电击之间的恐惧反应联系起来。尽管进行了几次训练,但这些动物并没有表现出单独对闪光的恐惧。不谈这类研究是否符合实验伦理,它们的确给我们提供了令人信服的证据,证明了杏仁核、恐惧和学习之间的联系。

杏仁核受损的人类似乎也表现出了类似的特征。2005 年,伊丽莎白·菲尔普斯(Elizabeth Phelps)和乔·勒杜(Joe LeDoux)研究了杏仁核局部损伤的人的轻度恐惧条件反射。他们发现,实验对象可以通过说"灯亮了,然后有电击"来将光和电击之间的联系建立起来。然而,当他们只看到光时,他们并没有表现出典型的恐惧反应,比如心率加快。乔·勒杜还证明了,由于老鼠长期的恐惧条件反射,其杏仁核神经元之间交流模式发生了变化。总之,这些结果表明,杏仁核是恐惧学习的一个关键结构。

在纪录片《徒手攀岩》中,亚历克斯·霍诺尔德接受了脑部磁共振成像,即使用无线电波和强大的磁场来生成身体内部的详细图像。

磁共振成像时他接受了一项针对他对恐惧刺激的反应的测试,结果显示他的杏仁核几乎没有被激活。他的杏仁核没有损伤,但需要大量的刺激才能激活。

问题在于,究竟是杏仁核活性的减弱导致了霍诺尔德缺乏恐惧反应,还是他年轻时对杏仁核的过度刺激导致了他成年后需要更多的刺激来诱发恐惧反应。

这种杏仁核活性的减弱使亚历克斯·霍诺尔德能够控制恐惧反应的第一阶段,避免在攀登 914 米的悬崖时立即出现或战或逃反应。根据经验,他能够权衡自己的行动可能产生的结果,并判断自己所面临的风险。通过反复训练和预演,他就能集中注意力，做出必要的动作，让他成功地徒手攀登酋长岩。

对我们大多数人来说，他决定以这种方式压倒恐惧反应似乎很荒谬，但我们大多数人在开车时也会经历同样的过程。如果我们不能在恰当的时机转动方向盘，后果将是很严重的。我们也以同样的方式调节了我们的恐惧反应，这使我们能够安全地开车到达目的地。而像亚历克斯·霍诺尔德这样追求极限的人将不得不参与赌徒们所说的"深度游戏"，即将所有赌注都押在不确定的结果上，以引起恐惧反应。通过这种方式，攀岩变成了一种令人上瘾的灵丹妙药，攀岩者追逐恐惧，并进一步突破恐惧的极限。

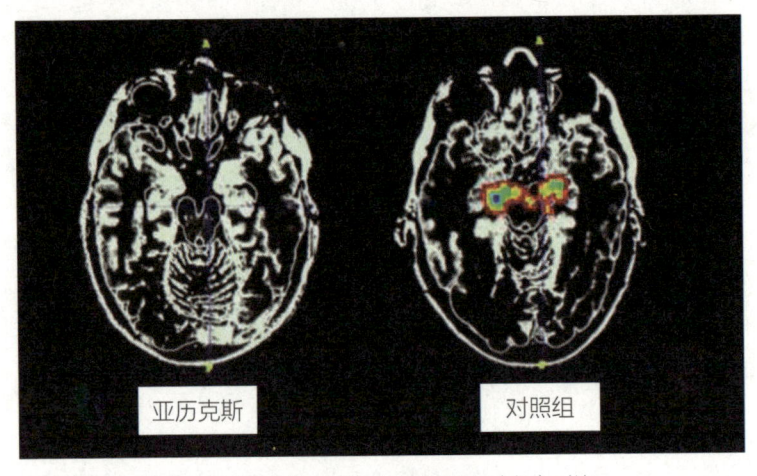

亚历克斯·霍诺尔德与对照组的杏仁核（大脑的恐惧中枢）对比。

第46章

攻击性

研究攻击性要面对的第一个困难就是如何定义攻击性。通常情况下,动物往往会由于明显的原因做出攻击性行为,比如为获取食物或领地而战斗。由于人类的意图和群体动态的复杂性,界定人类和非人类的灵长类动物的攻击性实际上非常困难。

攻击性行为可以是掠夺性的,以获得资源;也可以是社会性的,以确立统治地位;还可以是防御性的,以保护个体。在本章中,我们将讨论攻击性背后的生物学和行为学原理。

攻击性和大脑

在第45章中,我们了解到边缘系统,主要是下丘脑和杏仁核,在感知到威胁时是如何控制恐惧的。大量证据表明,杏仁核除了调节恐惧反应,还在调节攻击性方面发挥了关键作用。

攻击性和杏仁核之间存在联系的证据来自海因里希·克鲁弗(Heinrich Klüver,1897—1979)和保罗·布西(Paul Bucy,1904—1992)在1939年进行的动物研究。他们研究了切除颞叶的猴子,手术后这些猴子表现出恐惧情绪的匮乏,变得非常温顺。当时这种情况被称为克鲁弗-布西综合征,后续的研究表明,这可能是由于猴子的杏仁核受损,因为选择性地去除大脑的这一部分对恐惧和攻击性产生了类似的影响。

同样地,人类的攻击性也会受到杏仁核损伤的影响。1966年,查尔斯·惠特曼(Charles Whitman)在得克萨斯大学的钟楼发动了一次狙击式袭击,他留下了一份遗书,其中概述了他是如何为导致此次袭击的暴力冲动寻求帮助的。惠特曼的尸检显示,他的杏仁核被一个肿瘤压迫,这可能导致他的行为发生明显改变,最终导致他杀死了 16 人。

也有些人患有潜在疾病,他们的杏仁核不一定受损,但不再以正常的方式运作。比如,有一种叫作间歇性暴发性障碍(IED)的精神障碍,此类精神障碍患者很容易突然暴发攻击性。他们在面部情绪识别任务上也表现不佳。在受试者识别面部情绪的同时对其进行脑部扫描的研究中发现,当看到表达愤怒的面孔图像时,IED 患者的杏仁核比对照组的更活跃。这种对愤怒面孔反应的差异可能是 IED 患者表现出极端和突然的攻击

性的一种解释：他们的大脑对感知到的威胁的反应不同。

阿德里安·雷恩和他的同事在1997年开展的研究可能是迄今最大规模的使用神经成像技术的研究。该研究使用PET技术分析了41名杀人犯的大脑活动，并将其与41名对照组受试者的大脑活动进行了比较。研究发现，杀人犯的前额叶皮质的活动减少，而丘脑的活动增加。

因此，该研究提供了迄今为止最好的证据，表明大脑功能障碍可能与某些类型的攻击性行为有关。然而，雷恩强调，这项研究并不意味着大脑功能的差异导致了攻击性行为，通过脑部扫描或其他方式预测谁可能会或可能不会继续实施暴力犯罪也是不可能的。

攻击性的遗传证据

1993年，心理学家汉斯·布伦纳（Hans Brunner）和他的团队研究了一个有暴力行为史的荷兰家族。该家族的几名男性成员都具有攻击性，并有严重的暴力犯罪史，包括强奸和纵火。其中一名男性成员甚至试图用汽车撞倒他的雇主，因为雇主指责他工作不合格。

他们的行为似乎有一种模式，这可能与基因有关。布伦纳发现，这个家族中的所有男性成员都有一种特殊形式的基因，负责调节大脑中的血清素水平。该基因负责单胺氧化酶A（MAOA）的分泌，这是一种酶，一旦血清素和其他神经递质通过突触传递，MAOA就会分解它们。可能是由于低水平的MAOA导致了血清素水平失衡，进而导致了该家族男性成员的攻击性行为。对小鼠的研究表明，神经递质血清素在调节攻击性方面起着关键作用。

值得注意的是，有缺陷的 MAOA 基因位于 X 染色体，并且是从母亲那里遗传过来的。女性会从父母双方分别继承一条 X 染色体，这样缺陷基因就会被有效地稀释。然而，这种缺陷基因会被男性完全继承，这使得男性更有可能患上攻击性障碍。这可能是男性比女性更具攻击性和暴力倾向的原因之一。然而，如果我们试图将所有的攻击性行为归咎于生物学因素，我们就有落入决定论陷阱的风险。

现代脑部扫描技术的运用为我们打开了一扇前所未有的心灵之窗。研究结果显示，在某些情况下，大脑结构和功能的差异会导致高度的攻击性。然而，正如阿德里安·雷恩所评论的那样，依靠个人的大脑扫描结果是不可能预测攻击性行为的。此外，吉姆·法伦（Jim Fallon）的家族精神病史（见下一页）表明，即使一个人在基因上有攻击性倾向，如果有适当的环境教养，他就可能永远不会发展出攻击性行为。

对攻击性的行为学解释

有证据表明，外部环境条件可能在攻击性行为的出现中发挥了重要作用。社会学习理论提出，我们会通过观察他人来学习。因此，我们从我们所经历的情境中学习攻击性行为如何实施及其所采取的形式。正如第 29 章所讨论的，班杜拉等（Bandura et al.，1961）的波波娃娃实验表明，当儿童观察到攻击性行为时，他们更有可能模仿攻击性行为。

关于攻击性具有行为学原因的最有力的论据之一是出现于 20 世纪 30 年代的挫折－攻击理论。当一个内部或外部的因素阻碍我们实现一个目标时，就构成了挫折情境。约翰·多拉德（John Dollard，1900—1980）和他的同事们提出，挫折的存在

吉姆·法伦（Fallon，2005）

2005年，神经科学家詹姆斯（吉姆）·法伦（生于1947年）被要求研究美国一些最臭名昭著的连环杀手的PET图像，以便找到大脑中可能与精神变态倾向有关的模式。

吉姆注意到其中一个扫描结果非常符合精神病患者的特征。他查了查扫描结果的代码（为了确保研究结果公正，所有扫描对象的身份都没有向他透露）。令他惊恐的是，他发现这张PET图像是他自己的。他就是那个所谓的精神病患者！在与母亲进一步讨论后，吉姆发现他的家族出现过一长串的杀人犯和连环杀手，包括莉兹·波登（Lizzie Borden，1860—1897），她被控在1892年杀害了她的父亲和继母。尽管他有这样的遗传背景，包括与攻击性有关的MAOA基因变体，但是现实中的他婚姻幸福，没有暴力倾向，而且在学术上非常成功。

吉姆·法伦　　　　　莉兹·波登

> 吉姆后来的研究表明，童年创伤对引发成年后的攻击性至关重要。虽然有些人可能有暴力或攻击性行为的生物学倾向，但这种行为需要环境的刺激来诱发。这就是所谓的"素质－压力理论"。

总是会导致某种形式的攻击。这一理论假设攻击总是源于挫折。然而，我们都会在某一时刻感到挫败，但并不是每个人都会变得富有攻击性。对此，挫折－攻击理论认为，当针对挫折的根源时，作为一种报复行为，攻击的强度最大。

心理动力学理论认为，这种对挫折的宣泄对于保护个体的自我是必要的。这可以通过在运动中适当地释放攻击性（升华），或者将我们的攻击性向外转移到某物或其他人身上（置换）来实现。当人们不可能或不应当针对挫折根源进行攻击时，置换就会发生。我们在日常生活中经常看到这样的例子。例如，一个车被堵在路上的司机对一个骑自行车的人大喊大叫；一个工作时用不好电脑的人砸坏了键盘；一个人在家组装了几小时的家具后，把剩下的一袋螺丝扔得满屋都是。因此，在生活中的某一时刻，我们很可能因挫折而表现出攻击性。

在解释攻击性产生的原因方面，行为学解释只能到此为止。几乎每个人都会在生活中的某一时刻感到挫败、嫉妒或怀疑，但我们并不都会诉诸极端的攻击性行为。个体的高度攻击性很可能是遗传、生理和环境条件共同作用的结果。有些人会有攻击性的遗传倾向，但环境条件在诱发这些人的攻击性方面也起着同样重要的作用。

第47章

去个体化

1895年，古斯塔夫·勒庞（Gustave Le Bon）在他的经典群体心理理论研究中首次研究了个体理性思维和行为的丧失。当时，法国社会充斥着暴力，也有许多抗议活动。他研究了个体是如何因成为群体的一员而做出冲动行为的。勒庞发现，个体在群体中变得匿名，又易受暗示和感染，这导致"群体心理"接管了个体的决策。

这种自我控制的丧失会让人们违背个人或社会规范，导致19世纪法国街头骚乱中出现了不良行为。

在20世纪，群体心理理论得到了完善。"去个体化"（deindividuation）一词最早是在20世纪50年代由美国社会心理学家莱昂·费斯廷格（Leon Festinger，1919—1989）提出的，用来描述人们无法个体化，即无法独立于他人，从而隐藏在群体中的情况。它的特点是对他人如何看待个体和评判个体的行为的关注减少。

在某些情况下，这可能会导致积极的社会行为（亲社会行为），就像在大型音乐节和宗教集会上看到的那样。亲社会的去个体化会引发更多的利他行为，比如为慈善事业捐款，这在某种程度上解释了为什么1985年的"拯救生命"演唱会是为慈善事业筹集资金的有效模式。

在正常的社交场合下，许多人会避免做出有攻击性和不合理的行为。然而，在群体中保持匿名实际上意味着个体是不用负责任的。这样就会减少个体对自己行为的内在约束，减少对他人负面评价的恐惧，减少对自己行为的罪恶感。人们感到可以自由地去做自己想做的事。津巴多（另见第17章）认为，群体削弱了我们的意识和个性，而且群体越大，影响就越大。

这种消极的群体行为的一个例子是引诱自杀现象。曼恩（Mann, 1981）研究了20世纪60年代和70年代美国报纸上报道的21起跳楼自杀事件。其中10起事件中有人聚众围观，并出现了引诱自杀现象。围观者会怂恿企图自杀者跳下去！他发现，大多数引诱自杀现象都出现在夜间，而且企图自杀者处于高楼之上，因此与这些围观者保持了一定的距离。这意味着围观群体中的人已经变得去个体化，这导致围观者嘲笑企图自杀者，并怂恿其跳楼自杀。

当今的网络交流方式加剧了这种现象，人们会更多地做出

在2011年的伦敦骚乱中，许多人的行为都表现出了去个体化，骚乱的最初原因基本上被遗忘了，焦点转向了抢劫和暴力抗议。

冲动行为和参与反社会活动，类似的引诱自杀现象也出现了。通过在线平台和电子设备进行的网络欺凌可能导致受害者酗酒、患上精神障碍，在某些极端情况下，还会导致其自杀。

互联网提供的匿名性可能给受害者带来悲惨的后果。然而，对许多人来说，这种匿名性会让他们做出可取的行为，并带来积极的结果。青少年报告说，他们更愿意匿名在网络上为心理健康问题寻求援助，而不是在线下面对面地探讨这些问题。这无疑导致了一个历来被忽视的卫生领域的发展。

然而，文化差异加上去个体化可能是一种致命的组合。1973 年，罗伯特·沃森（Robert Watson）研究了 23 个部落中的战士在与邻近部落发生暴力冲突之前是如何改变他们的外表的。他发现，那些战前利用彩绘和部落服装而变得去个体化的部落战士对受害者造成的暴力伤害程度更高。正如津巴多（Zimbardo，2007）所评论的那样，当我们想让"……通常情况下爱好和平的年轻人伤害和杀死其他年轻人……如果他们先改变他们平常的外表，就更容易做到"。从这个意义上说，互联网强化了我们改变外表和推广极端主义观点的能力。

为了调查这一点，阿旺等（Awan et al.，2019）分析了超过 10 万条推文和 10 万条 YouTube 上的评论。他们发现，社交媒体平台创造出了回音室环境，让用户获得了高度的匿名性，从而传播极端主义观点。激进化的过程是极其复杂的，但有一个方面是，个体要持有极端主义观点，并使这些观点得到验证和强化。社交媒体平台为志同道合的人创造了能聚集在一起的空间，在那里他们不受其他观点的影响，这反过来又强化了该群体的信念。因此，我们可以看到部分网络社群的成员变成了网络暴徒，而极端主义群体让社会中的弱势成员变得激进。

也许最极端的例子是青蛙佩佩（悲伤蛙）。青蛙佩佩由艺术家马特·弗瑞（Matt Furie）创作，并于 2005 年首次出现在漫画《男孩的生活》中。他一开始是一只无忧无虑的青蛙，喜欢比萨，有"感觉很好"的口头禅。到 2009 年，佩佩的图片仍然在互联网上自由传播，但变得更加邪恶，佩佩被画成穿着纳粹制服的形象，上面还写着"感觉很好"的口头禅。美国犹太民权组织反诽谤联盟因此将青蛙佩佩列为仇恨象征。

青蛙佩佩的兴起伴随着像 4Chan 这样的网络聊天室的日益流行，它们允许用户完全匿名地发布任何他们喜欢的内容。这样，用户就可以推广极端右翼思想，而不用担心别人的评判或负面反馈。事实上，他们反而得到了来自群体的积极强化。此时，马特·弗瑞已经完全失去了对他的作品的控制，而接下来发生的事情更令人难以置信。

在 2016 年美国总统大选中，希拉里·克林顿（Hillary Clinton）将唐纳德·特朗普（Donald Trump）和他的支持者（另类右翼）称为"一筐烂人"。几周后，唐纳德·特朗普的儿子发布了一张处理过的电影《敢死队》的海报，特朗普和佩佩的形象被拼接了上去，他将这张海报命名为"烂人队"。特朗普的竞选团队一开始利用了聊天室里的情绪和语言，但后来由于青蛙佩佩的形象代表了反犹太主义和种族主义思想，具有争议性，他们不得不与这一形象切割。青蛙佩佩实际上是让另类右翼团结的象征。就像沃森的研究中那些改变外表的部落战士一样，使用青蛙佩佩的形象让网络暴徒对受害者的攻击性比他们作为独立的个体时要强得多。

社交媒体平台的回音室环境允许人们以一种去个体化的方式行事，这实际上具有全球影响力。因此，去个体化和互联网公司如何管理网络匿名对现代社会的未来影响重大。

第48章

犯罪心理学

犯罪有多种形式,从个体的攻击行为到大规模的法人犯罪,这使其成为一个极其迷人的研究领域,但很难用一个总体的理论来诠释。在本章中,我们将概述犯罪心理研究的重大进展,并更深入地介绍自犯罪心理学创立以来,我们已经取得了多大的进展。

隆布罗索与罪犯的返祖特征

19世纪末,意大利医生切萨雷·隆布罗索(Cesare Lombroso,1835—1909)创立了意大利犯罪学派,并成为犯罪行为科学研究的先驱之一。隆布罗索认为,罪犯是未能像正常个体一样完成进化的个体,可以通过身体特征来识别他们,这表明罪犯在生物学上处于劣势。他称这类特征为"返祖"特征。隆布罗索进一步指出,特定类型的罪犯有特定的特征。例如,他提出杀人犯有充血的眼睛和鹰钩鼻,而性犯罪者有厚厚的嘴唇和突出的耳朵。

隆布罗索的观点基于从已定罪的48名罪犯身上收集的尸检数据。他发现,他研究的人中有40%确实有这些特征。然而,如果没有一个对照组来将这些发现进行比较,就可能只是因为拥有这些特征的人占总人口比例的40%。此外,身体特征和犯罪行为之间的任何相关性都不意味着二者存在因果关系,事实上，拥有不寻常的面部特征的人可能会被社会污名化，从而迫使他们犯罪。

隆布罗索的理论现在在很大程度上已经被摒弃了。该理论被认为具有很强的社会敏感性，因为其暗示一些社会成员在基因层面有先天劣势，而且在缺乏可靠证据的情况下容易导致歧视。然而，即使是有缺陷的理论也可以通过批评获得进步，而隆布罗索仍然是早期犯罪学研究中的关键人物。

犯罪行为的生物学原因

有关犯罪行为的生物学原因的理论至今仍然十分流行，特别是当人们关注暴力犯罪时。关于恐惧和攻击性的章节概述了杏仁核与攻击性行为有关的论点，以及如MAOA基因等特定的基因如何影响攻击性。然而，这些生物学理论经常引导我们走向所谓的攻击性行为和犯罪的"素质-压力理论"。也就是说，我们可能在基因上或生理上倾向于做出某种行为，但需要在环境的压力下才会做出这种行为。无论如何，相关研究仍然流行，而我们在前文还没有讨论过的就是有关XYY染色体的理论。

大约每1000名男性新生儿中就有一人有两条Y染色体，而不是普通男性的一条Y染色体。虽然这种染色体在普通人群中相对罕见，但它在监狱人群中很常见。研究发现，XYY男性在大多数方面都倾向于正常发育，但可能有一些学习问题，如注意力分散和多动症。这些问题，再加上现代生活的需求，可能是导致更高比例的XYY男性最终进入监狱的原因。

心理学家阿德里安·雷恩（在第46章中讨论了他利用PET技术研究杀人犯的大脑）提出了犯罪行为可能有遗传原因的进一步证据，他对截止到1993年进行的所有关于犯罪行为

第 48 章 犯罪心理学

TYPES DE CRIMINELS ITALIENS.

1895 年，隆布罗索收集的意大利罪犯肖像。

的双胞胎研究进行了综述。他发现，这些研究表明，同卵双胞胎比异卵双胞胎更有可能有相似的犯罪率。基本上，如果同卵双胞胎中的一个是罪犯，另一个也很有可能是罪犯。这表明了犯罪有遗传原因，尽管很难区分遗传和环境的影响。

有人可能会说，同卵双胞胎更有可能以相同的方式被抚养，以此夸大环境对他们行为相似性的影响。萨尔诺夫·梅德尼克（Sarnoff Mednick，1928—2015）等在1984年的研究中将丹麦有被收养经历的罪犯与他们的生父和养父进行了比较。他们根据被收养者的生父或养父是否有前科，统计了被收养者的犯罪比例，发现被收养者与其生父在财产犯罪方面有显著的相关性，但在暴力犯罪方面无明显相关性。然而，该研究仍然很难排除造成这些相关性的环境原因。被收养者经常在他们生命的最初几年和亲生父母一起生活，并且之后可能仍然与他们有联系。

汉斯·艾森克（在第44章中有更详细的介绍）认为，人格差异是做出犯罪行为的根本原因，但这些差异是由环境和生物学因素共同造成的。艾森克开发了人格问卷，可以衡量某些人格特征，如外倾性、神经质，以及精神质（在后期的版本中）。他认为，这些人格特征受到了我们的环境和生物学因素的影响。艾森克认为，外倾性水平较高的人倾向于寻求刺激是因为他们的神经系统未被唤起，需要更多的刺激才能被唤起，所以他们主动寻求刺激，以感受其他人在不那么极端的行为中所体验的

被收养者犯罪比例（Mednick et al., 1984）

	生父有前科	生父无前科
养父有前科	24.5%	14.7%
养父无前科	20.0%	13.5%

兴奋。这可能导致他们做出寻求刺激的犯罪行为。

同样地，那些神经质水平较高的人神经系统可能过度活跃，对刺激的反应非常迅速。这可能导致他们对来自环境的刺激反应过度，例如争吵或有压力的情况，因此以暴力的方式予以反击。

批评者认为，艾森克的理论缺乏证据支持，而在使用艾森克的问卷来证明他的观点时，这就变成了一个自我实现预言。

社会影响和犯罪行为

我们将探讨的与犯罪行为有关的最后一个领域是社会的作用。埃德温·萨瑟兰（Edwin Sutherland，1883—1950）在1939年提出，一个人要成为罪犯需要两个条件：1）学习某些支持犯罪行为的价值观；2）学习实施犯罪所需的技能。这一理论被称为差别接触理论，它认为罪犯主要受到了那些与他们交往的人的影响。该理论与社会学习理论有一些相似之处（社会学习理论见第29章）。

在第29章中，我们介绍了阿尔伯特·班杜拉是如何论证我们通过观察和模仿来学习行为的。这样看来，罪犯就不是天生的，而是通过观察他们周围的人而变成这样的。

虽然这里只提供了一些关键研究的见解，但我们很清楚，将各种犯罪归结为一个原因是非常武断且不切实际的。犯罪的原因和犯罪的类型一样复杂。对犯罪原因的研究仍然是一个广阔且不断发展的领域，而那些为我们提供可能的解决方案的理论对我们来说是最有用的。

囚犯和对照组之间的人格差异（Eysenck and Eysenck，1977）

汉斯和西比尔·艾森克（Hans and Sybil Eysenck）使用艾森克人格问卷对2070名男性囚犯进行了评估，该问卷对他们的精神质、外倾性和神经质方面进行了评分，问卷中还包括测谎题。他们将这些结果与2422名没有任何犯罪记录的对照组男性的评估结果进行了比较。

汉斯·艾森克

他们发现，囚犯在所有人格特征上的得分都高于对照组，这表明犯罪可能与极端的人格特征有关。然而，他们也发现，两组参与者的这些得分都随着年龄的增长而下降。

艾森克认为，每种极端的人格特征以及与环境的互动都可能引发犯罪行为：

- 外倾性得分高者会寻求更多的刺激，因此会参与危险的活动。
- 神经质得分高者会对外在威胁反应过度。
- 精神质得分高者具有攻击性，缺乏同理心。

然而，有人可能认为，监狱环境或犯罪生活方式本身可能会强化这些极端的人格特征，因此这两者之间可能不存在因果关系。

第49章

作为科学的心理学

尽管冯特和他的同事们从一开始就一直在努力将心理学确立为一门实验性的、客观的科学，但它仍然经常被指责不是一门"真正的"科学。这种观点有其合理之处，对幸福等抽象概念的研究并不适用物理学等传统科学的严格操控标准。在传统科学中，变量可以被仔细地控制，结果也可以被精确地测量。

《大思想》（Big Think）杂志的执行编辑、伪科学的揭穿者亚历克斯·贝雷佐博士（Dr Alex Berezow）认为，心理学不能被认为是一门科学，因为它不满足严谨科学的五个基本要求。贝雷佐指出，一门科学学科必须具备：1）定义明确的术语；2）可量化指标；3）高度受控的实验条件；4）可重复性；5）可预测性。

然而，也有人认为这些要求过于严格，而且某些被认为是科学的学科也不符合这些要求。一些人认为，实际上对定义一门科学来说，这些条件并不都是必要的。物理学家大卫·多伊奇（David Deutsch）用可预测性举例，它是指一个好的科学理论可以用来预测未来的结果，但具有可预测性并不意味着这是一门科学。他提出，你多看几次魔术师表演的某个戏法，就能够预测他会做什么，但这并不意味着你明白这是怎么做到的。

第 49 章 作为科学的心理学

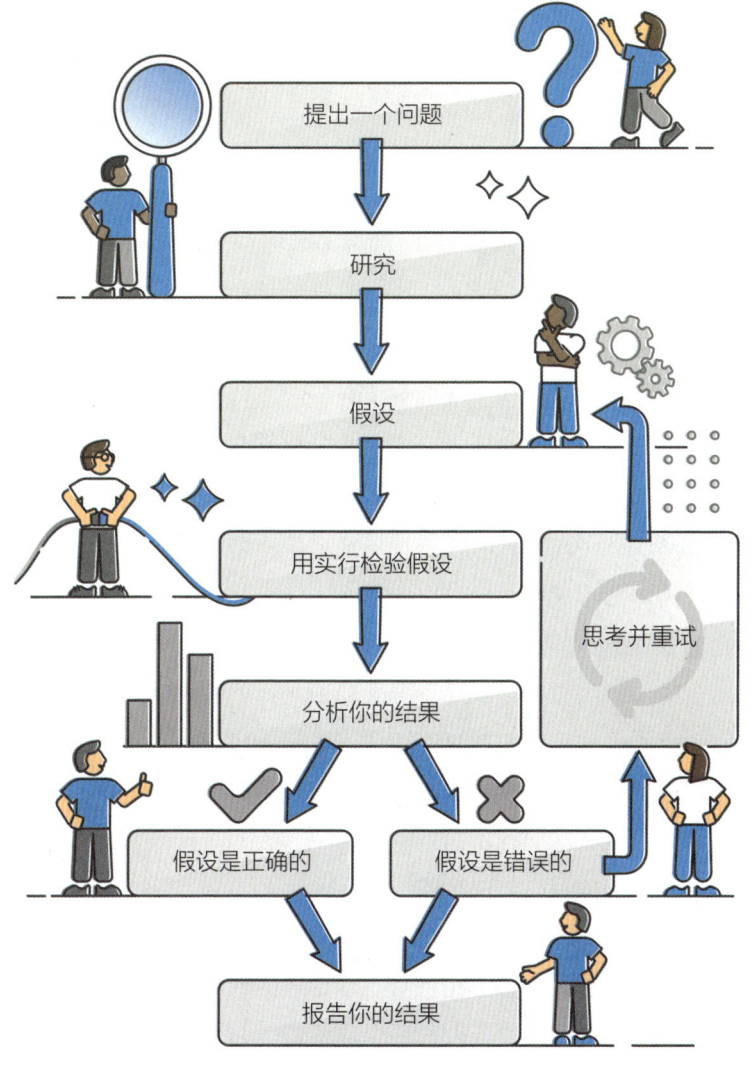

研究的科学方法

多伊奇认为,更重要的是理解。

不管我们如何定义什么是一门科学,什么不是一门科学,心理学中的许多研究都可以使用科学的方法,因为人们普遍认为科学方法的效果很好。因此，许多人认为，就使用科学方法而言，无数不同的心理学研究实际上应该被视为处于一个范围内，而不是就心理学是否拥有作为一门科学的资格来评判整个心理学领域。

可重复性和客观测量

科学研究的一个要素就是能产生可测量和可重复的结果。这样才能通过重复实验检验其信度。研究结果必须是客观的，没有任何来自研究者的主观偏见。就心理动力学等理论而言，我们可以清楚地看到，诸如性心理发展阶段或潜意识愿望等概念是不能以任何具体的方式来衡量的。它们不能被认为是科学的、可经验性检验的观点，而且充满了提出者的主观意见。然而，在行为主义心理学中，研究确实产生了可测量的数据，这些研究可以，而且确实已经被重复，并被证明结果是可靠的。例如，斯金纳在他的操作性条件反射实验中采用了非常具体的受控条件，他的研究程序和结果都被仔细地记录了下来。像这样的结果是不受主观意见影响的，可以被认为是科学方法在行为研究方面的真正客观应用。

可证伪性

客观测量的概念引出了对心理学作为一门科学的另一种批评声音，即可证伪性。要使一个理论成为可证伪的，它必须是可验证的。说明这一点的一个著名例子是伯特兰·罗素（Bertrand Russell）的茶壶类比。罗素提出，如果他声称有一只茶壶绕着太阳转，而且它太小，用望远镜看不见，他不应该指望人们仅仅因为不能证明他错了就相信他。举证的责任落到了罗素的身上。但是，由于该说法无法验证，不能证明它是真的或假的，因此它是不可证伪的。罗素想说明的是，我们不能仅仅因为我们不能证明某件事是假的，就断言它是真的。在备受诟病的心理动力学领域中，就有很多这样的情况，即大部分行为都是用无意识的、无法观察到的过程来解释的。

对照组

心理学研究中的另一个问题是寻找对照组。为了探究你操纵的某个实验变量是否会影响结果，你需要一个对照组。对照组应和你的实验组在各个方面条件相同，除了一个你希望改变和测量的变量。对于像人类这样复杂的研究对象，很难找到两组足够大规模的样本来得出有效的结果，并且很难找到足够相似的人来进行比较。

例如，在第 46 章中提到的雷恩等对杀人犯大脑的研究中，他们努力将被研究的罪犯与没有犯罪的对照组参与者相匹配。雷恩等根据他们认为可能影响结果的因素，将每名杀人犯与对照组参与者进行匹配，因素包括性别（每组有 2 名女性和 39 名男性）、是否患有精神分裂症（有 6 名杀人犯患有精神分裂症，所以对照组中也有 6 名精神分裂症患者）和年龄（每组的平均年龄相似）。然而，即使采取了这些努力，仍然有许多变量，雷恩和他的同事不能合理地解释，因为愿意为心理学研究接受正电子发射断层扫描的罪犯很难得。每名杀人犯都有不同的犯罪原因：有些可能是由于突然暴发的攻击性，有些可能是有预谋、有计划地发动袭击。比较这些大脑能让我们有效地了解所有杀人犯的大脑吗？还有，我们怎么知道，对照组的人本身是不是还没有被抓住的杀人犯呢？这似乎是一个古怪的说法，但它强调了在心理学中找到真正可比的对照组的困难。

即使是像雷恩等所做的心理学研究，它具有严谨科学的特征——使用正电子发射断层扫描、对照组和可重复程序的客观测量，但当我们更深入地研究其程序时，会发现它仍然违反科学原则。事实上，由于该研究中的自变量（实验参与者的犯罪状况）是个体的现有状态，而不是被研究者操纵的东西，所以它根本不能被认为是一个实验，顶多是一个准实验。因此，得出因果关系的结论不能被证明是正确的。从结果中我们不能判断是杀人犯的大脑生来就与一般人的不同，还是他们的大脑在犯罪后或被监禁后变得不同。

总之，对于心理学是否应该被视为一门科学的问题，并没有一个简单的答案。而心理学研究是否对我们有用，以及它带来了什么好处等主题的争论可能更有成效。

第50章

心理学中的争议

你会在整本书中注意到,心理学研究包括许多方法,各种理论对人类行为提出了许多不同的解释。因此,当你认为某种观点是心理学中某个特定问题的最佳解释时,有许多批评意见需要考虑在内。

某种观点是否过于决定论,而且这有问题吗?复杂的人类行为是否被解释得过于简单化?只是根据从一所大学的少数学生那里收集到的数据所得出的结论,真的能推广到全人类吗?在本章中,我们将回顾心理学中一些主要争议,并说明为什么这些争议很重要。

决定论和自由意志

决定论是指假设所有的事情,包括人类的行为,都是由外部因素预先决定的。这些因素可能是生理方面的,也可能是环境方面的,它们是不受个人控制的,因此,决定论意味着人类对自身的行为没有自由意志或主动权。这当然是一个对许多人来说很难接受的观念,部分原因是它也意味着我们不能为自己的行为负责。如果没有自由意志,我们对自己的行为就没有直接的责任。我们在这本书中讨论过的许多观点都表明,我们的行为是由外部因素决定的。

- **心理动力学观点**：行为是由我们的童年经历和潜意识过程决定的。
- **行为主义观点**：行为是通过我们对环境中刺激的反应来学习的。
- **认知观点**：行为是由内部的心理过程所决定的。
- **生物学观点**：行为是由我们的生理机能、激素、神经递质、基因和进化压力决定的。

无论这看起来多么令人不安，决定论都是心理学的重要思想流派。为了科学地研究一个概念，研究人员必须分离出某些变量，以便能够操纵这些变量，并测量它们对行为的影响。这意味着心

克莱（Kray）兄弟是同卵双胞胎，他们来自一个有暴力犯罪史的家庭，所以他们可能受到双重不利因素的影响：基因和环境。这是否意味着他们和其他类似的人可以对自己的罪行承担更少的责任？

理学家有必要假设某些行为是由个别因素引起的,以便研究它们。但是,在现实中他们当然会承认有许多因素会对我们复杂的行为产生影响。

还原论和整体论

还原是科学中的一个必要过程。它包括将一个复杂的主题分解成更小的、可测量的部分。通过这种方式,研究人员可以识别和操纵特定的变量,改变某个小小的因素并测量其效果。

当冯特和他的同事们试图将实验心理学与当时流行的更倾向于哲学的观点区分开来,他们最初的目的是将心理学研究还原为研究简单的、可测量的因素。然而,在所有的科学中,尤其是在心理学中,将一个复杂的问题还原成更小的部分可能意味着我们忽略了整个系统是如何发挥作用的问题。

例如,在心理学中,我们可能将对抑郁症等精神障碍的研究还原为对神经递质的研究。有一种观点认为,血清素的缺乏可能对抑郁症有影响,抑郁症也可能与多种神经递质的缺乏有关。这些知识帮助我们开发了5-羟色胺选择性重摄取抑制剂(SSRIs)等药物,它们可以用于治疗抑郁症。这种还原论的观点使我们能够分离出对某种行为的一种可能的解释,并使用与该解释相关的疗法来提高个体的幸福感。

然而,这种只关注生物学因素的还原论观点会忽略其他可能影响抑郁症的因素。例如,认知观点的解释可能假设错误的思维是病因,并提出认知行为理论作为解决方案;相比之下,心理动力学观点可能提出,抑郁症是由自我防御机制引起的,比如压抑,而解决方案是使用自由联想或梦境分析来发现潜在的创伤。

整体论观点试图考虑不同因素的交互影响。格式塔、人本主义、积极和社会心理学等采用了整体论观点。整体论的早期案例可以在知觉研究中看到，在此类研究中，心理学家认为感官接收到声音或图像后，必须将这些信息与认知能力（如记忆或情感）相结合，并将其纳入某种可以理解的情境当中，它们才拥有了意义。你现在正在读的文字之所以有意义，是因为你正在用记忆来回忆每组符号的含义，并把它们放在你正在读的书的更广泛的情境中。在心理学研究中，整体论观点会考虑我们的生理如何与我们的认知、我们的经验相互作用，从而影响我们的行为。这有助于我们认识到更广泛的行为情境及其影响因素。然而，使用这种推理方法的理论很难提供经验证据。

研究偏差

历史上，许多心理学研究都是在西方工业文化的背景下进行的。具体来说，是由西方工业文化中的男性成员进行的。我们的大部分行为都会受到我们的文化习俗、道德规范甚至语言的影响，这就引出了一个问题。例如，在玛丽·安斯沃思的"陌生情境"研究中（在第36章），她所认为的幼儿健康行为基于西方个人主义社会的期望。在该研究中，不关心父母下落的幼儿可能被认为对父母的依恋较差。然而，如果在幼儿由集体抚养长大的社会中重复该研究，那么幼儿自如地与陌生的成年人互动可能被视为正常和健康的。

以这种方式确立理论被称为"主位"研究，即一种文化的价值观被用来为研究和结论提供信息。类似地，强加的"客位"是指我们根据自己的价值观来评判另一种文化中的行为，例如，根据西方价值观判断另一种文化中的幼儿对父母的依恋较差。

本书中有许多类似的例子。例如，霍尔姆斯和拉赫开发的社会再适应评定量表基于对事件的压力性质的判断，这些压力事件不能简单地翻译之后就用于另一个文化当中；而智力测试会假设某些人具备某些"必备"的认知能力。试图承认或纠正这些问题本身就会导致偏差。"阿尔法偏差"是一种夸大两个群体之间差异的倾向，即根据某些因素假设这两个群体是不同的；而"贝塔偏差"是一种弱化这些差异的倾向。

这些偏差不仅存在于文化之间，也存在于文化内部。当判断一个理论是否适用于现代行为时，我们必须要考虑其历史背景。例如，弗洛伊德的性心理发展阶段理论受制于维多利亚时代关于家庭和育儿的价值观。母亲被认为是主要的照顾者，而其他的育儿方式还没有被认可。虽然弗洛伊德的理论仍然具有

西格蒙德·弗洛伊德和他的许多同辈以及追随者都是欧洲裔白人男性，因此他们在研究心理学的不同方面时都存在偏差。

影响力，但我们也必须认识到它是某个特定时代的产物。

心理学研究中的性别偏差是一个历史问题，它源于在心理学逐渐成为一门独立学科的时期，男性在科学领域占据主导地位。这本书涵盖了历史上主要的心理学理论和相关研究，就像许多类似的理论一样，它们主要由男性提出假设，并以男性作为研究的主体。因此，我们所知的很多心理学知识可能并不适用于女性。

幸运的是，根据美国心理学会的心理学从业人员分析中心的数据，已经获得或正在攻读心理学博士学位的女性比例已经从1970年的20%上升到2005年的近72%。然而，我们仍要注意到，许多构成心理学基础的观点和理论都是由男性、西方、工业化的思想所主导的，并代表了它们诞生的时代的价值观。